示范性高等职业院校重点建设专业校企合作教材

Wangye Sheji yu Zhizuo
网页设计与制作

文　华　主　编

热娜·吐尔地
合尼古力·吾买尔　副主编

祝　楠　主　审

人民交通出版社

内 容 提 要

本书主要是为了适应计算机网络技术发展的需要，满足高等职业教育计算机网络技术专业主干课程体系中网页设计与网站管理课程教学的需要而编写的。本书着眼于培养学生的网页设计实践操作能力，是基于网页设计和网站管理工作过程的教材。

本书按照网页设计师入门、起步、进阶、成长、提升五个阶段设计了项目及工作任务，涵盖网页设计基础知识、Fireworks、Flash、Dreamweaver 以及综合运用等内容。

本书内容丰富、新颖、实用、趣味性强，与行业企业前沿的发展相结合，避免过多的理论知识，融入流行元素，让学生在轻松愉快中学习，特别适合作为高职高专计算机类专业教材，也可供从事网页设计、网站管理的技术人员参考。

本书为示范性高等职业院校重点建设专业校企合作教材，可供高职、中职院校教学使用，也可供行业相关人员参考。

★本书配套网上教学资源，读者可在人民交通出版社网站免费下载。

图书在版编目(CIP)数据

网页设计与制作 / 文华主编. —北京：人民交通出版社，2014.1

示范性高等职业院校重点建设专业校企合作教材

ISBN 978-7-114-11095-5

I.①网… II.①文… III.①网页制作工具－高等职业教育－教材 IV.①TP393.092

中国版本图书馆 CIP 数据核字(2013)第 310595 号

示范性高等职业院校重点建设专业校企合作教材

书　　名：	网页设计与制作
著 作 者：	文　华
责任编辑：	袁　方　杨　捷
出版发行：	人民交通出版社
地　　址：	(100011)北京市朝阳区安定门外外馆斜街 3 号
网　　址：	http://www.ccpress.com.cn
销售电话：	(010)59757973
总 经 销：	人民交通出版社发行部
经　　销：	各地新华书店
印　　刷：	北京鑫正大印刷有限公司
开　　本：	787×1092　1/16
印　　张：	14.5
字　　数：	346 千
版　　次：	2014 年 1 月　第 1 版
印　　次：	2017 年 1 月　第 2 次印刷
书　　号：	ISBN 978-7-114-11095-5
定　　价：	45.00 元

(有印刷、装订质量问题的图书由本社负责调换)

新疆交通职业技术学院
教材编审委员会

主 任：段明社

副主任：吴灵林　　李绪梅

成 员：阿巴白克里·阿布拉　　侯士斌　　帕尔哈提·艾则孜

　　　　潘 杰　　李 杰　　吕 雯　　虎法梅　　张福琴

　　　　李 刚　　宿春燕　　李询辉　　郭新玉　　罗江红

　　　　孙珍娣　　杨永春　　合尼古力·吾买尔　　陆莲芳

沈阳农业职业技术学院

选编材料委员会

主　任：林祥文

副主任：吴见才　李祥林

委　员：丁白文重、陈南林、宋士林、陈永安林、其同林

　　　　金永、李杰、名安、高永林、张永基

　　　　李保、赵美林、林林林、王林林、罗玉林

　　　　林林林、林永春、金永名民、李正林、林正文

序

在几易其稿之后,我院自治区示范性高等职业院校建设成果之一——工学结合系列教材终于付梓了。自我院作为自治区示范性高职院校建设单位以来,以强化内涵建设为重点,以专业建设为龙头,以核心课程和教材建设为载体,与行业企业技术、管理专家共同组建专业团队,在课程改革的基础上,共同编著了 10 余种教材,涵盖了我院的汽车运用技术、道路桥梁工程技术、物流管理、工程机械运用与维护四个专业的专业核心课程。

本系列教材是学院与行业企业共同开发的,适应区域、行业经济和社会发展的需要,体现行业新规范、新标准,反映行业企业的新技术、新工艺、新材料。教材内容紧密结合生产实际,融"教、学、做"为一体,力求体现能力本位的现代教育思想和理念,突出职业教育实践技能训练和动手能力培养的特色,在保证知识体系完整性的同时,体现基于工作过程的基本思想,注重实践性、先进性、通用性和典型性,是适合高职院校使用的理论和实践一体化教材。

本系列教材由我院自治区示范性重点建设专业的专业带头人、骨干教师与校企合作单位的技术骨干、管理专家合作共同制订编写大纲,由理论功底深厚的专业教师担任主编,聘请行业企业专家作为主审。这些教师长期工作在高职教育教学一线,熟悉教学方法和手段,理论方面有深厚功底;而行业企业专家具有丰富的实践经验,能够把握教材的广度和深度,设定基于工作过程的教学任务,两者结合、优势互补,体现"校企合作、工学结合"的精髓。该系列教材的广泛应用,相信能够在新疆维吾尔自治区职业教育中起到引领和推动作用。

新疆交通职业技术学院
教材编审委员会

2012 年 9 月

前　言

随着 Internet 的迅猛发展和普及,网络信息化已席卷全球,上网变得越来越便捷,互联网作为第四媒体使全球信息共享成为现实。它正逐步改变着人们的生活和工作方式,电子商务、电子社区、网络政府、网络文化等构筑了一个异彩纷呈的网络世界。面对扑面而来的网络浪潮,个人、企事业单位、政府机关纷纷"触网",建立网站和制作网页来树立自己的形象,交流信息。在这一浪潮中,普及与推广网络应用技术已经成为各大、中专院校计算机教育改革的重点。为配合面向 21 世纪的教学改革,尽快培养一大批既懂专业基础理论知识,又有较强的计算机应用能力的高素质人才,我们通过校企联合共同编写这本工学结合的网页设计与制作教材。

本书作为高职教材,坚持以学生为本、为教学服务,注意内容的前沿及实战性。教材内容以多种形式呈现,提高学生的学习兴趣,加深学生对网页设计与制作知识的理解与掌握。根据教学实践经验,教材内容由浅入深、由易到难,对有关问题或有关领域延展思考,启迪学生的遐想空间,对于实际工作岗位中所需要的知识技能的关键、难点、重点讲解透彻。在编写过程中我们力求使教材符合下述原则:

实用原则。本书从基础知识着手,详细介绍网页制作技术中最基本、最实用的知识,舍弃了网页制作技术中那些过于枯燥难懂的内容,力求解决近年来课堂教学中理论与实际脱节,学生普遍缺乏实际应用能力的问题。教材的各项目内容都是从网页制作实践中提炼、总结、归纳出来的,每一个工作任务都有知识、有案例、有实践、有拓展,不仅符合学生听讲、复习与自学的实际需要,也避免了一般网页制作教材中存在的重理论讲解、无配套实践练习的问题。

精简原则。教材加大了对应用知识的阐述。各章内容安排紧凑,主题与素材的内在联系紧密,在语言表达上力求简单明了、通俗易懂,对操作步骤讲述细致。精心设计的课后拓展与挑战题起到了加深理解知识点的作用。

通用原则。本书作为高职高专计算机类专业的教材,也能供从事网页设计、网站管理的技术人员参考,也可作为电脑爱好者的网络实用技术自学读本。

本书共分 5 个项目：项目 1 介绍了网页制作必备的基础，解读网页设计师岗位，了解网站设计流程；项目 2 介绍了 Fireworks 使用，主要学习网站图像设计、广告设计、Logo 设计、效果图设计；项目 3 介绍 Flash 应用，主要学习网站动画形象设计、简单动画设计、按钮与导航设计、动画片头设计、banner 设计；项目 4 介绍了 Dreamweaver 使用，主要学习简单网站图文设计、网站标准化设计、网站布局设计、多媒体及特效设计、网站交互设计等；项目 5 是网页设计制作知识提高部分，主要介绍网站管理知识。

本书由新疆交通职业技术学院文华老师担任主编，新疆北门外文化有限公司祝楠担任主审，新疆交通职业技术学院热娜·吐尔地和合尼古力·吾买尔老师担任副主编，他们共同完成统稿工作。项目 1 由文华、王吉辉、王斐玉老师编写；项目 2 由文华、王丁、葛斌、高原老师编写；项目 3 由文华、陆莲芳、严晓红、吾尔尼沙·阿不都热依老师编写；项目 4 由文华、王玉洁、热娜·吐尔地、李刚编写；项目 5 由合尼古力·吾买尔和代菲菲老师编写。本书在编写过程中得到了新疆交通职业技术学院吕雯、潘杰、田杰、依克拉木、葛斌及新疆建设职业技术学院周洁等老师的指导和协助，在此表示衷心的感谢！在编写过程中参阅并引用了大量企事业单位的实际案例，在此向相关的专家学者表示衷心的感谢！

鉴于编者水平有限、新技术发展日新月异，书中的疏漏和不当之处，恳请广大读者和同行批评指正。

编者

2013 年 12 月

目 录

项目 1 网页设计师的入门 1
 工作任务 1 网页设计师岗位解读 1
 工作任务 2 了解网站设计流程知识 8

项目 2 网页设计师的起步 17
 工作任务 1 网站图像设计 17
 工作任务 2 网站广告设计 30
 工作任务 3 网站 Logo 设计 41
 工作任务 4 网页效果图设计 55

项目 3 网页设计师的进阶 69
 工作任务 1 网站动画形象设计 69
 工作任务 2 网站简单动画设计 84
 工作任务 3 网页按钮与导航设计 100
 工作任务 4 网站动画片头设计 113
 工作任务 5 网站广告条设计 128

项目 4 网页设计师的成长 140
 工作任务 1 简单网站图文设计 140
 工作任务 2 网页标准化设计 153
 工作任务 3 网站布局设计 171
 工作任务 4 网站多媒体及特效设计 180
 工作任务 5 网站交互设计 193

项目 5 网页设计师的提高 211
 工作任务 1 网站管理 211

参考文献 219

项目1 网页设计师的入门

工作任务1 网页设计师岗位解读

 学习目标

1. 了解 Dreamweaver。
2. 理解 HTML 的基础知识。
3. 理解站点的定义。
4. 掌握设置文本格式的基本操作。
5. 掌握网页中图片的使用技巧。
6. 简单文字滚动效果实现的创新。

一、行业现状

（一）网络技术的发展要求网页美观、实用

互联网已经渗透到我们生活中的各个层面。网络作为继报刊、广播、电视之后的第四媒体，正逐渐走向成熟和完善。网站的内容越来越丰富和全面，不断满足着不同需求的浏览者，促进了经济与商务的发展。

作为上网的主要依托，网页越来越频繁的使用造就了网页设计与制作行业的快速发展。早期的网页由于网络速度的限制，大多采用简单的设计，以功能实现为主要目的而无暇顾及美观与实用。随着网络技术高速发展，那些仅仅堆砌信息的网站已经无法面对信息结构的日益复杂化，也不能满足激烈的网络竞争。

如今，优秀的网站作品已经很多，但行业现状却依旧不容乐观。随着互联网知识的普及，那些犹如一个模子印制的教条化、形式化的网站正逐步失去市场，而取而代之的是集美观与实用于一体的新网站。

但我们仍然处于网站设计与制作的初级阶段，行业的标准，客户的观点及审美都不尽成熟，需要我们去探索和前行的路还很长。

（二）工种不分对行业的发展产生了阻碍因素

本书面对的工作岗位应该归纳到，而目前与网站相关的行业岗位名目很多，很少有人能分清网站美工、网页设计师、UI 设计师、制作人员、程序设计师等岗位的职权范围，部分规范的公司希望应聘人员技术全面。"工种不分"使每个在网页制作岗位的工作者不仅要考虑网站的美术设计，还要会网页的制作技术，还要兼顾网站建设策划。

虽然我们不赞成"工种不分"的现象，但是为了能够制作出优秀的网页，我们的网页设计师也需要有总揽全局的能力，具有良好的审美观和设计技术，还要有娴熟的网页制作能力。

(三)机遇与挑战并存

在互联网静态网页时期,曾经风光无限,月薪高达数万元;但随着互联网的飞速发展和越来越多的人投入到网络行业,虽然现在网页设计师的平均月薪仅为 2000～3000 元,但市场对网页设计师的需求却是有增无减,网页设计师的职业前景仍然看好。

目前市场需求有增无减,但对网页设计师的要求已发生了变化。一方面,更看重网页设计师的综合技术能力;另一方面,对网页设计师的美术设计能力的要求也大大提高。

网页设计师的工作很前沿、时尚,但 IT 界属于技术范畴,不能光凭一腔热情,还需要有实力。那么,对网页设计师岗位到底有什么要求?怎样才能成为一名合格的网页设计师呢?请看后续内容。

二、岗位的基本要求

与"网页设计师"岗位最容易混淆的是"网站美工师"和"网页制作师",三者的概念和界限对很多人来说都比较模糊,那么他们之间到底有什么区别呢?

我们先看看几则网络公司的招聘广告:

> 甲:精通网页三剑客等网页制作软件,能够手动修改网页源代码,有网站维护工作经验者优先。
> 乙:美术或设计专业,精通现今流行的各种平面设计软件。
> 丙:有良好的网站编程能力,熟练掌握 ASP、JSP、PHP、.NET 等动态网页制作技术,有两年以上工作经验者优先录用。

这三则招聘广告非常具有代表性,也代表了如今网站工作者的一部分岗位定位。甲公司的招聘需求是网页制作师,一般熟练掌握网页三剑客软件,能懂得 HTML 代码即可;乙公司招聘的很清楚是网页设计师,但是偏向网站美工方面,要求应聘者要有良好的美术基础;丙公司招聘的是网页制作师,但却是倾向于动态网页制作技术,准确地说是动态网页制作师。

公司的招聘需求并不能完全正确的代表网站行业的岗位分类,现实中的工作岗位往往是界限模糊的。网页设计是一个规划的过程,而网站制作是将设计的结果表现出来。优秀的网站总是先有优秀的设计,再加上优秀的制作。

从前的网页设计师一般指网站美工,但由于目前大部分网站都已采用动态网页技术,而网页制作师也慢慢变成了特指动态网页制作师。所以,目前的网页设计的定义变成了"网页设计 + 网页制作",即:懂得网页设计的基本理念,又有网页制作技术。

于是,网页设计师职位便应运而生,社会对网页设计师这一职位的需求量也在不断的增长,因此网页设计师岗位对于那些想要进入网站开发行业却缺乏专业知识的人来说是比较好的选择。

三、岗位的基本能力

从岗位需求上,我们可以看出,网页设计师的工作实际上主要分为两部分,一是网站设计,二是网站制作。实际上,要成为一名优秀的网页设计师还必须掌握多种能力。

(一)岗位能力

(1)网站策划能力;

（2）网站设计能力；
（3）图形图像处理、动画制作能力；
（4）网站综合制作能力。

（二）基本能力

（1）了解网络组成和工作原理；
（2）熟悉 HTML 代码，至少能够看懂代码，最好还能够修改和书写代码；
（3）具有一定的审美能力，灵活运用各种设计理念进行网站规划和设计；
（4）能够熟练使用至少一种网页制作软件，如 Dreamweaver；
（5）能够熟练使用至少一种动画制作软件，如 Flash；
（6）能够熟练使用至少一种图形处理软件，如 Fireworks 或 Photoshop；
（7）综合使用各种软件将网页设计意图制作成网站；
（8）掌握网站站点的建立和管理方法。

（三）高级能力

（1）能使用其他网页、图像、动画辅助软件，提高工作效率；
（2）会使用动态网页编程语言，如 ASP、JSP、PHP、.NET 等；
（3）能够使用网页辅助语言，如 JavaScript、VBScript 等；
（4）熟悉更新的网页语言，如 XHTML、XML；
（5）能使用 CSS 和 DIV 技术。

（四）社会能力

（1）具有岗位所需要的职业道德；
（2）具有良好的团队合作能力；
（3）具有创新能力和学习能力；
（4）具有职业定位和职业规划的能力。

上述能力需求只是综述，要想真正在工作岗位上一展才能，还需要多多修炼。网页设计软件正在日益普及，而且越来越"傻瓜化"，技术不再是整个领域唯一门槛，还有一些技能需要培养。如审美能力和艺术素养，是需要网页设计师平时多多积累，仔细观察、分析、品味优秀的设计作品，不断提高自己的审美观。

作为一名网页设计师还必须具备包括文学修养、音乐修养、绘画修养等方面的文化修养，同时还需要重视国家、国际风向，对政治、经济、娱乐等新闻都要有所关注，这样才能保持积极的心态，随机应变，用到的时候能够信手拈来，使自己设计的网页跟上时代、被大众认可。

综上所述，网页设计师应该具有综合素质，只有专业才能做到知其然，知其所以然。除了自己加强学习外，参加一些相关的技术培训和认证考试，有机会参与一些真实网站设计项目将有助于提高就业能力。

四、网站设计的相关术语

网页设计师还必须了解一些网站设计的相关术语，只有了解这些概念，才能设计出美观性和技术性兼备的网页。以下列举了一些重要的概念。那些太过基本的概念就省略不谈，如有疑问可以参考相关书目。

(一)域名

1. 概念

域名就是互联网上用来识别和定位计算机的字符标识,已成为网站品牌、形象识别的重要组成部分。域名与该计算机的IP地址对应,通过域名或IP地址可访问网站,但一般要将域名转换成IP地址才能找到网站主机。域名和IP通常是全球唯一的。

> 小知识:
> 网站确定域名的原则有三个:一是要简短,以增加域名的后期价值;二是意义深远,能体现网站的形象;三是朗朗上口又容易记忆。技巧上可以使用英文、拼音、数字、字母,也可以是它们的各种组合和缩写。如海尔集团的域名为haier.com,中国移动的域名为chinamobile.com,闪吧的域名为flash8.net。
> 选择域名还要注意遵守相应的法律法规,不要侵权和违规。

2. 分类

一般通过域名后缀区分不同域名,域名后缀多达90多种,包括通用顶级域名、中国顶级域名、中文域名、其他区域顶级域名等。

国际顶级通用域名有.com商业组织,.net网络服务机构,.org非盈利组织,.info信息服务机构,.edu教育机构,.gov政府机构,.int国际性机构,.mil军事机构。

常见的区域顶级域名有.cn中国,.tw台湾,.hk香港等。这些后缀代表所在的国家或地区,也可以称为"国内域名",可以从"ISO-3166"中查到,一般是两个字母。

二级域名又是指什么呢?顶级域名的下一级就是所说的二级域名,如http://www.sina.com是顶级域名,而http://bbs.sina.com是二级域名,http://web.websina.com是三级域名。

> "旧时王谢堂前燕,飞入寻常百姓家"。互联网域名价格曾经是很昂贵的,现如今近百元左右就可以申请一个顶级域名,有些还附带赠送网络空间、邮箱、服务,真是越来越实惠了!

(二)浏览器

浏览器是用来查看网页的工具,是浏览互联网的基本条件,目前广泛使用的操作系统基本上都已经内置了不同的浏览器。目前比较主流的浏览器有微软公司开发的"Microsoft Internet Explore浏览器"(简称IE)和网景公司开发的"Netscape Navigator浏览器",如图1-1-1所示。

虽然上述两种浏览器的界面大致相同,对同一个网页的显示效果却可能有所不同。甚至同种浏览器的不同版本显示效果也会不同。

还有其他占市场份额不大的浏览器,如Green Browser(绿色浏览器)、Firefox(火狐浏览器)、Maxthon(遨游浏览器)使用起来也非常方便,这里不作介绍了。

图1-1-1 浏览器全家福

> 由于国内一般使用的操作系统是Windows,因此国内的网页设计师一般针对的是系统自带的IE浏览器,同时兼顾IE低版本的浏览器用户。如果针对的是海外用户就需要把Netscape Navigator也考虑进来。

(三)网页与网站

1. 概念

网页Web Page,是从浏览器中看到文字、图片、动画、视频等多种形式的表现体;网站

Website,简单地说就是网页的集合,网站内容是通过网页形式体现出来的。

2. 分类

网站是由一个首页和若干个子页组成的,根据其功能的不同还有以下分类:

首页:输入网址后看到的第一个页面。

主页:主要的内容页。大多数网站的首页等同于主页,除非首页是个封面式的欢迎页面,不是主要内容呈现页面。

栏目页:相当于网站的二级主页。网站的内容较多时设置不同栏目导航页面,一方面提纲挈领,另一方面也为网站起到良好的导航作用。

功能页:顾名思义,具有特殊功能的网页,如用户注册页面、电子邮件页面、广告页面等。

子页(分页):除了首页,其他的页面就是子页。如果细分,在首页和子页之间,还可以多设置一级功能页。

如图 1-1-2 所示,以"北京大学"网站为例:

图 1-1-2　北京大学的首页、栏目页和子页
a)首页;b)栏目页;c)子页

(四)HTML、DHTML、XML、XHTML

1. HTML

HTML 是英文 Hyper Text Makeup Language 的缩写,中文为"超文本标记语言"。准确地说,HTML 并不是一种网页编程语言,而是一些能让浏览器看懂的标记。HTML 由网页需要显示出的对象和设置网页结构、外观、内容等的标记组成,而浏览器的任务就是翻译 HTML 标记,并将网页显示在浏览者面前。

HTML 标记的机构通常为 <标记 属性 1 = 值 属性 2 = 值 …… >对象</标记>。HTML 并不难理解,现在有 Dreamweaver 这样智能的软件,初学者可以通过"所见即所得"的操作,对比代码和设计,学习 HTML 代码。鉴于篇幅所限,关于 HTML 标记的相关知识这里不再详细介绍,会在后面章节作为知识点链接出现。

如图 1-1-3 所示,一个网页的 HTML 代码和它在浏览器中的表现形式。

2. DHTML

DHTML 即 DynamicHTML,翻译为"动态 HTML"。DHTML 通常被认为是 HTML 的升级版,它能实现 HTML 无法达到的效果,如图文样式、动画、动态资料、及时互动多媒体动态效果等,并为新一代的浏览器所支持。

3. XML

XML 是 Extensible Makeup Language 的缩写,中文翻译为"可扩展标记语言"。与 HTML 语言不同,XML 可以由用户定义标记,使得网页代码具有高度可延伸性和自我描述性,能够更好地体现数据的结构和含义，从而使 Internet 上的数据相互交流更方便，文件的内容更加简明易懂。XML 因自身的诸多优点可以成为取代 HTML 的新一代网页标记语言。

图 1-1-3　百度网页在浏览器中的表现形式和它的 HTML 代码

4. XHTML

XHTML 是 Extensible Hyper Makeup Language 的缩写，即"可扩展超文本标记语言"。XML 与 HTML 类似，但从本质上说 XHTML 是一种 HTML 到 XML 的过渡技术，它结合了部分 XML 的强大功能以及大多数 HTML 的简单特性。目前网络上推崇的 Web 标准就是基于 XHTML 的应用，即通常所说的"DIV + CSS"。

（五）静态网页与动态网页

网页静态和动态之分并不是说网页中的元素是静止不动还是有动画效果。

静态网页是指浏览器与服务器不发生交互的网页，而网页中的所谓的"动态"只不过是 GIF 动画、Flash 动画、JavaScript 动态效果等与后台不产生联系的对象，通常我们称之为"表象动态"。

动态网页除处理静态网页中的元素外，还包括一些应用程序，这些程序需要浏览器与服务器之间发生交互行为，而且应用程序的执行需要服务器中的应用程序服务器才能完成。常见的动态网页编程语言有 ASP、JSP、PHP、.NET 等。

（六）网站运营方式

1. 虚拟主机

虚拟主机（Virtual Host/Virtual Server）是使用特殊软硬件技术把一台计算机主机分成一台台"虚拟"的主机，每台虚拟主机都有完整的 Internet 服务器功能，具有独立的域名和 IP 地址（或共享的 IP 地址）。虚拟主机之间互相独立，互不干扰，并可由用户自行管理。虚拟主机属于企业在网络营销中的简单应用，适合初级建站的小型企事业单位使用。

2. 租赁服务器

租赁服务器是通过租赁 ISP（Internet Service Provider，互联网服务提供商）的网络服务器建立自己的网站。此时用户无需购置服务器，只需依靠出租方提供的线路、端口、设备等就可以建站。它在很大程度上能减轻求租方的各项投资压力，节省场地，减少硬件维护、人员、技术费用。

3. 主机托管

主机托管是企业将自己的服务器放在 ICP 的专用托管服务器机房，并利用其线路、端口、机房设备建立自己的网站。

五、网页设计师使用的软件

网页设计师至少应该熟练使用"网页三剑客",即 Fireworks、Flash、Dreamweaver。但自从 Adobe 公司将 Macromedia 公司收购后,又将图像处理软件 Photoshop 并入网页制作系列,并全部升级到 CS6 版本,基本上统一了界面,形成了现在的"网页四剑客"。四剑客的名字也是非常富有浪漫色彩,有缤纷的照相馆 Photoshop,绚烂的焰火 Fireworks,闪耀动人的闪电 Flash,最后还有一位织梦人 Dreamweaver。它们一起工作,共同实现网页设计师的梦想(图 1-1-4)。

图 1-1-4　网页设计师使用的软件 Photoshop、Dreamweaver、Fireworks、Flash

(一)图形图像工具

当前的网页四剑客家族中 Photoshop、Fireworks 是用来处理图像的,但两者功能侧重点有所不同。

Photoshop 是 Adobe 公司的头号图像处理软件,一直以来在图形图像制作、处理方面都占据显赫的地位。随着对网站美观的要求越来越高,Photoshop 凭借其丰富的滤镜和图形效果越来越多地参与到网页图像设计中,尤其是精美的网页效果图的绘制中。

与 Photoshop 大哥大的角色不同,专注于网页图像处理的 Fireworks 一直是稳重低调的,但经过几番版本升级和功能加强后,目前最新版本以方便快捷的操作模式和在位图编辑、矢量图形处理、GIF 动画制作功能上的多方面优秀整合,赢得诸多好评。

(二)动画制作软件

Flash 是目前最流行、使用人数最多的动画制作软件之一。自推出以来,就以其功能强大、简单易学、操作方便、生成文件小、适于网络传播、交互性强等优点备受网页设计师推崇。

(三)网页制作软件

Dreamweaver 是一款优秀的"所见即所得"的可视化网站开发工具,在便利设计的同时也兼顾了 HTML 代码编辑。Dreamweaver 提供了众多功能强劲的可视化设计工具、应用开发环境以及代码编辑支持、完善的站点管理机制,十分有利于设计、开发和维护网站。

(四)其他辅助软件

网页设计师的技术越全面,在岗位上就越得心应手。俗话说"君子善假于物也",在熟练使用基本的网页设计软件的基础上再掌握一些其他的辅助软件会让网页设计师在技术上锦上添花。此类软件有动画下载、动画分解、动画 Action 查看、傻瓜式动画制作软件等。

六、任务小结

本次任务给大家简单介绍了网页设计师工作的行业情况,岗位的基本要求,网页设计与网页制作的区别及岗位所需的基本能力,使读者对网页设计行业和网页设计岗位有了初步的了解。同时,还了解了网站设计中比较重要的几个行业术语,便于以后的学习和工作。

工作任务 2　了解网站设计流程知识

学习目标

1. 了解与客户的业务沟通。
2. 了解网站素材收集。
3. 了解测试并上传网站。
4. 了解网站的更新与维护。
5. 理解网站的需求分析。
6. 理解确定网站类型。
7. 解确定网站的目标群体。
8. 理解网站风格定位。
9. 理解确定网站内容。
10. 理解制作网页效果。
11. 理解优化和切割网页。
12. 掌握书写网站策划书。
13. 掌握签订网站合同。
14. 掌握网站的业务流程设计。
15. 掌握规划网站栏目与目录结构。
16. 网站版式与布局设计的创新。
17. 网页的色彩搭配的创新。

一、前期业务工作

（一）与客户的业务沟通

获取业务在比较正规的网络公司一般是由专门的业务员去完成的,确认订单后就由网页设计人员设计网站,再由网页制作人员完成网页编程。但这样不表示网页设计人员不和客户进行沟通。实际上,小规模的公司往往是由设计人员兼职业务人员。而且,设计人员直接与用户沟通往往能够提出更专业的意见,容易取得客户信任,也比较容易把握客户的真正意图。

> 现实是残酷的,很多客户往往缺乏网页设计知识,提出一些匪夷所思的意见或条件,甚至是毫无道理的要求。设计人员一定不能拿专业人士身份说事,藐视或者讽刺客户,毕竟顾客就是上帝。这就要求设计人员平时注意与人沟通的技巧,也可以通过参加一些培训或者阅读相关书籍提高自己的营销能力。

（二）书写网站策划书

在初步与客户沟通后就可以编写网站策划书了。网站策划书是非常重要的网站规划、设计、制作的书面表达方式,一般由项目经理在统一设计人员和制作人员的意见基础上进行统筹性书写。它没有绝对的范本,书写时可以根据具体情况添加或删除某些项目,一般包含以下几个方面内容：

1. 背景介绍

背景介绍写在网站策划书的开头，有时也写作"前言"或"概述"，一般是介绍互联网情况和本公司背景、实力等内容。开头应该简练、醒目，给阅读者气势恢宏和诚恳的感觉。

2. 市场分析

市场分析部分常写明相关行业的市场特点、现状、前景，自己与竞争对手相比的市场优势等。

3. 建站目的及网站定位

这部分应该说明为什么要建立网站，以及根据网站的功能确定网站应达到的目的和作用等内容。网站的基本项目也可以在这部分给予介绍，如域名、网址、网站的标志、网站的口号等。网站目标用户分析如果不放在市场分析部分也可以放在这里。

4. 技术解决方案

网站的技术解决方案是由预计的网站功能决定的。大型网站的技术实现描述是非常重要的，小型网站可以写得简略些。网站的技术解决方案主要包括网站开发使用的软硬件环境、网站运营方式、采用的程序开发语言种类、网站的安全措施等。

5. 内容规划

网站的内容规划主要有栏目安排和网站结构设计两方面。不同性质的客户有不同的内容设置。网站的内容规划关系到今后网站的设计与制作，尤其与网站导航规划、栏目划分、分页设置等内容联系紧密。

6. 页面设计

页面设计很大程度上是指目标网页的美术设计，一般要写明页面信息分布、格局规划、VIS系统、广告规范等。

7. 流程及人工

流程即网页的开发实践进度表，包括网站建设实践的计划、网站所需岗位及岗位设置等，这一部分内容使客户能够方便地判断此项目的资金投入及可行性。

8. 网站维护

网站维护包括软硬件维护、内容维护、广告维护等内容。

9. 发布与推广

网站的后期工作，如网站宣传、推广方案，还包括公关、广告活动及费用等内容。

需要注意的是，不一定是新制作的网页才写网站策划书，网站改版也需要编写策划书。另外，实际上客户注重的并不是策划书本身，而是内涵。不能只凭精美的排版、煽情的文字忽悠客户，更不能在网站策划书上把自己和未来的网站吹得天花乱坠，最终拿出的作品却"惨不忍睹"。公司失去客户也意味着员工的失业，这个道理谁都明白。

网站策划书的书写过程中必定要和客户进行多次探讨和沟通，形成终稿。网站策划书会最终影响网站制作合同的签订。

本书配套网上教学资源将提供几套具有代表性的网站策划书样板，大家可以阅读、参考并配合实际情况书写自己的网站策划书。

> 自己动手为某学校、某农业公司、某房产公司、某化妆品公司书写网站策划书。

(三)签订网站合同

签订网站合同时要注意以下几点:

1. 合同双方的权利义务要明确

由于网站建设项目包括多方面的工作以及网站建设完成之后的后期维护工作,所以合同需要确定哪些是承建方的义务、哪些是委托方的义务,以及双方要求对方提供哪些相应的协助的权利。对于双方各自的义务部分,必须相当明确地作出说明,以免在履行合同时产生不必要的纠纷。

2. 网站建设中如需要合作完成时,则需对合作的相关内容作出约定

如果承建方在工作中需要和委托方或者第三方进行合作,就必须清晰说明这种合作的流程、方式和要求。

3. 对项目建设工作流程与时间进度需作出说明

(1)合同必须说明项目开展的工作流程。对于每个工作流程,需要概要说明承建方的工作内容,尤其对于需要企业参与的部分,需要说明企业的工作内容和要求。例如,调研时需要企业的配合和资源提供等;设计制作确认时的确认方式和确认范围等。

(2)对每个流程环节的完成时间要作出说明。

合同需要给出每个流程环节的预计工作量以及项目最终完工的日期。双方可以根据需要,协商在进度限制上的严格度。

4. 网站建设的质量要求尽量具体与细化

(1)网站建设质量主要指网页页面设计、制作与网站程序的质量。

合同需要对这些工作的质量作出周到的、尽量可度量的要求。比如,为保证浏览速度,建设方可以对每个网页的大小作出一般性限制。

对于页面设计与制作,由于在设计风格的认识上的差异会导致建设方和承建方的质量评判标准不同,同时设计质量也难以度量,容易出现建设方多次否定设计的情况。这种情况下需要用变通的办法弥合双方的质量评判差异。例如,可以由承建方设计出几种建设方要求风格的设计页面,然后由建设方选择;限定重复修正设计的次数,承建方可以半价收取落选设计页面费用的代价限制设计次数。

(2)对于网站功能性程序来说,合同应该对功能作出详细的说明。

如会员注册登录系统,除了会员的注册、登录、退出等功能外,还提供给会员其他功能(如新闻定制等)也应给予说明。

5. 制定合适的网站承建费用支付标准和支付方式

(1)支付标准

网站建设业内一般采用按制作量计费的方式,譬如按页面数量计费等。但网站制作量(如页面数量等),在制作过程中是变化的,所以在签合同的时候无法给出整个网站建设完成后的确切费用。但是合同却可以给出网站建设的收费项和收费标准,待网站建设完成后,统计整个网站的每项工作量,再结合计费标准算出项目实际的总费用。

这一条款关系到日后合同标的的计算,所以请务必约定清楚。双方不妨多花一点时间

协商条款细节,以达到彼此在这一条款上的一致认可,以防日后引起不必要的争执。

(2)支付方式

费用支付一般可以分成三次进行。一般合同签署一周内支付一定数量,作为项目启动费用;项目中期支付一定数量;项目结束后,计算项目实际标的,再支付余额。最好不要在合同签订之后网站还没建设完成之前一次性支付所有款项,以免在网站建设不符合合同约定时,加大委托方追究承建方责任的困难。至于最终如何支付,可由双方协商约定。

二、网站设计流程

网站的设计流程中的很多步骤会和网站前期业务工作有所重合。在网站的设计过程中,很多工作还需要进一步分化和细化。

(一)网站的需求分析

网站需求分析是网站制作流程的第一步,也是非常重要的一步,只有先明确网站的需求才能进行下一步工作。网站需求分析主要来源于市场调研(准确地说是需求调研)。需求调研就是需求的采集过程,充分了解用户需求、业务内容和业务流程,是进一步进行需求分析的前提条件。

> 小提示:
> 需求采集是非常重要的过程,却往往被一些急于求成的设计人员所忽略或轻视,以致设计过程中造成网站定位不准确,风格和内容把握失误。所以在动手设计网页之前,不妨静心沉思。参考同类型公司、同类型公司网站都是比较好的方法。

需求分析不是设计师自己的揣测和决定,它是一个循序渐进的过程,不会一步到位。需求分析期间设计师应该不断和客户沟通,对客户凌乱甚至不正确的需求进行正确的分析、归纳、总结,形成系统的分析报告。

(二)网站素材收集

网站的前期业务工作完成后,接下来就是按照确定的主题进行资料和素材的收集、整理了。资料可以由客户提供,也可以由设计师主动索要,还可以从别的网站或搜索引擎网站上寻找。

> 小提示:
> 规模比较大或者资质比较深的客户一般会提供相关素材,如网站 Logo、标准色、相关文字档案、电子资料等,资料收集比较方便。但一些小公司,几乎没有什么自己的特色素材,反而还会要求设计师帮助设计 Logo、标准色,一旦网站运行成功,也许就直接沿用设计师的成果了。

> 设计知识:
> 什么是 Logo 和标准色?
> Logo 和标准色是企业"CIS(Corporate Identity System)企业形象识别系统"设计的一部分。

(三)确定网站类型

网站是多元化的,因表现内容的复杂化与其相关方面的多样化,同一网站可以属于不同类型。

按语种分类,主要有:简体(繁体)中文网站、英文网站、其他语言网站等。

按所有者分类,主要有:政府网站、企业网站、个人网站、学校网站等。

按行业分类,主要有:农林牧副渔等(太多了,无法一一列举)。

按网站作用分类,主要有:咨询信息网站、搜索引擎网站、电子商务网站、交友聊天网站、软件下载网站、娱乐游戏网站等。

按开发语言分类,主要有:静态(HTML)网站、动态(ASP、JSP、PHP、.NET、XML 等)网站。

按网站规模分类,主要有:大型网站、中型网站、小型网站。

按网站运行的操作系统分类,主要有:Windows、Linux、Unix 网站等。

(四)确定网站的目标群体

网站的类型不同,其目标群体也不同。网页设计师应针对网站的目标群体进行网站业务流程的设计、风格的定位等。为此,要弄清楚网站的直接目标用户群是哪些,用户的习惯和特点,他们的需求,等等。只有弄清楚这些,才能真正抓住行业用户需求,准确提供用户所需要的资源。

(五)网站的业务流程设计

所谓网站的业务流程是指各类业务角色通过网站完成某项任务的一系列行为活动。不同的网站、网站不同页面都会有不同的角色进入,因此也会有相应的业务流程,每一类角色参与活动时的入口和流程都有所不同。网站设计人员可以通过逻辑图与示意图简要明确地对业务流程进行描述。各类业务角色则需要通过网站上具体功能与导航来完成。网站业务流程设计是否完善与合理,直接影响网站功能的发挥与工作效率,所以网站业务流程也是网站建设成功与否的一个重要因素。

(六)网站风格定位

网站风格是指网站的艺术格调和艺术形式给访问者的综合感受。网站风格能够让浏览者区别不同类型的网站,以及同类型的不同网站。优秀的网站风格设计能够让人眼前一亮,并且铭记在心。因此在设计网页的时候,要根据网站的定位设计出具有独特风格的页面。还要注意的是网站页面的风格要统一,切忌杂乱无章,不要"心大贪多",把网页变成大杂汇。

(七)确定网站内容

通常网站的内容直接来源于客户提供的资料,如果资料不够丰富也可以参考同类网站,但切忌不能抄袭、雷同。客户提供的内容素材是需要设计师去整理和选择的,但要把握一个原则:网站的内容并不是越多越好,而要精挑细选、恰到好处、突出重点、简洁明了地表现主题思想。

(八)规划网站栏目与目录结构

确定了网站的相关内容,就可以对网站的栏目进行划分了。网站的栏目其实就是网站内容的大纲索引,因此规划网站栏目实际上是细化网站内容的过程。设置网站栏目和目录时要注意突出网站重点内容,有轻重缓急之分,方便访问者浏览。同时,规划网站栏目还为设计过程中文件目录的设置提供了参考,也是导航栏的设计依据,还可以作为日后网站的导航图。

为了使日后网站的设计和建设有法可依,可以绘制一个网站的结构示意图。在示意图中需要明确每一级栏目及其相应的子目录(二级目录)和分支,并确定其相关内容。

(九)网站版式与布局设计

当网站资料收集、整理完成后,就可以根据网站内容配合网站风格的定位进行网站的版式与布局设计了。网站的版式与布局是指网页版面上各种网页元素的规划和安排,合理的设计会让网页各元素更加和谐。面对越来越挑剔的浏览者,只有网页的布局与内容成功结合时,网页或网站才是受欢迎的。

> 网页元素包括:标志 Logo、导航、文字、动画、插图、广告、版权等。

网页版式与布局设计是一种个性思维的展示,虽然要遵循一些特定的规律,却没有固定的模板,可以根据设计师的喜好随心所欲设计。网页的版式和布局可以从以下几方面考虑:

1. 页面尺寸

页面尺寸受显示器大小及显示器分辨率限制,且浏览器也将占去不少空间,因此,网页的横向宽度一般是固定的,而纵向高度却不是固定的(因为用户浏览器的工具栏数量是可以增减的)。

> 小知识:
> 第一屏是指打开一个网站页面,在不拖动浏览器的滚动条的情况下,能够看到的网页页面部分。一般分辨率为 800×600 时网页显示尺寸为 780×428;分辨率为 1024×768 时网页显示尺寸为 1007×600。

网页设计一般不推荐页面横向延伸,而推荐纵向延伸,即横向不出现滚动条。需要注意的是,第一屏是吸引浏览者的"第一面",除非网站内容能够吸引浏览者继续向下滚动网页继续观看,否则页面长度不要超过三屏。

2. 页面结构

虽然显示器和浏览器都是矩形,但页面的整体造型却可以是各种几何图形及它们的组合形式,如矩形、正方形、三角形、菱形,不规则图形等。不同形状所代表的含义有所不同。

矩形代表稳定、正式、规则,是很多正式的政府、学校、咨询类网站页面结构的首选,也是最常用的;

圆形代表团结、安全、和谐、温暖等,大多应用于时尚网站;

三角形有着力量、权威、稳固等含义,一些商业网站喜欢采用这种页面结构;

菱形代表着平衡、和谐、公平,是交友、娱乐网站的常见布局。

目前的网站设计是一个个性展示的世界,组合多个图形的网页结构设计已越来越多。

图 1-2-1 为一些网页不同页面结构的示例。

图 1-2-1　网页不同的页面结构

3. 网页版式

网页版式就是将网页大致分为几个区域。网页版式有以下几种分类方法:

(1)按"上下左右"分:左右型、左中右型、上下型、上中下型等;

(2)按"栏式"分:通栏、两栏、三栏、四栏等;

(3) 按"字形"分:"同字形"、"厂字形"、"口字形"等;

(4) 其他类型:标题正文型、封面型、Flash 型等。

网页版式可以用图 1-2-2 大概表示,但并不能一概而论。

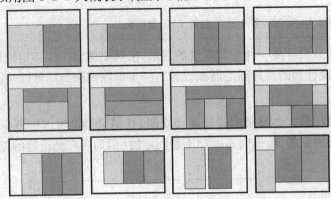

图 1-2-2　网页版式

4. 页头

页头也称为页眉,是页面最顶端的位置,是最容易吸引浏览者注意的部分,因此常常放置网站的名称、标志、代表性图片、广告语等。其中,标志通常放在页头的左端,当然同时也是页面的左上方(图 1-2-3)。

图 1-2-3　"驴妈妈旅游网"的页头

5. 页脚

与页头呼应,页脚是在页面的最底端,通常放置版权信息和联系方式,有的还展现制作信息和简单的导航条(图 1-2-4)。

图 1-2-4　"驴妈妈旅游网"的页脚

6. 导航形式

导航是网站重要的信息目录链接,相当于书籍的目录,一般是细分内容的核心项目。网站导航通常有横向和纵向两种,表现形式上有文字、图像、动画等,也可以是多种表现形式的组合。导航通常在页面顶端或左侧(图 1-2-5)。

图 1-2-5　"驴妈妈旅游网"的导航

> 与客户探讨网站设计时,通常也会把导航系统作为重点讨论的内容之一。即使客户对网站设计没有概念,一旦导航项目确立了,一切就会迎刃而解。

（十）确定网页的色彩搭配

色彩是网页艺术表现要素之一。在网页设计中，根据和谐、均衡和重点突出的原则，将不同的色彩进行组合、搭配，构成赏心悦目的网页。利用色彩本身的特质，色块的面积、形状、色彩间的比例关系，产生视觉的对比、落差，使浏览者产生心理变化和反应。

讨论网页色彩要从以下几个概念入手：

1. 标准色
企业 CIS 中，代表企业形象的标准色彩。

2. 主色
网页中面积最大的、出现次数最多的颜色，在整个网页的色彩配置中起主导作用，掌控着整个页面的色彩氛围。主色通常就是标准色。

3. 副色
面积较小，是主色的搭配，起强调或缓冲、调和作用，通常是比较醒目突出的颜色。

4. 背景色
背景色的主要作用是烘托页面的主体，也是增加网页空间感的重要手段。

图 1-2-6 是中国移动和中国联通的网页色彩搭配形式。

图 1-2-6　中国移动和中国联通的网页色彩搭配

三、制作网站

（一）制作网页效果图

设计制作网站页面，首先是设计页面，接着才是制作页面。当网页的版式、布局、颜色确定之后，网页设计师就可以根据网站的创意，利用图像设计软件制作效果图，并不断与客户沟通，根据客户要求修改和完善效果图。我们一般通过图形图像设计软件 Photoshop 和 Fireworks 制制作网页的效果图。

（二）优化和切割网页

由于网页的传播载体是网络，因此访问者的浏览行为就受到网络下载速度的影响。为了网页能够快速地下载和显示，必须要将制作好的效果图进行优化和切割。

优化是在最大限度保持图像品质的同时，选择压缩质量最高的文件格式，通俗地说就是在图像质量和下载速度之间找一个平衡。切割是图像分割成尺寸较小的多个图像文件,即"化整为零"。

Photoshop 和 Fireworks 不光可以制作网页效果图,也可以进行优化和切割。关于优化和切割可以参看本书的项目 2 中的工作任务 4 的内容。

(三)制作 HTML 页面

制作 HTML 页面当仁不让地要用网页编辑软件 Dreamweaver 了,可以使用常用的表格技术或时兴的"DIV + CSS"技术将网页按布局和功能重新组装,并赋予更多技巧。当然,这时候的网页还是静态网页,没有交互性。

(四)制作动态页面

制作动态页面基本就不是网页设计师的工作范围了,这时网页设计师将设计好的静态网页交给网页制作师,网页制作师将根据静态网页的形式和代码,使用 ASP、JSP、PHP、.NET 等动态网页制作技术将网页制作成具有动态交互性的网页。但并不是说网页设计师就可以万事大吉了,和网页制作人员沟通和协作仍然是必须的,甚至是非常重要的。

四、网站后期工作

(一)测试并上传网站

网站全部做完了,就该把它展示给广大的浏览者了。在对网页内容、超链接、浏览器等项目进行测试后,就可以通过 FTP 等上传工具将网页拷贝到服务器空间,并通过 DNS 对域名进行解析,当访问者在浏览器输入网址或者 IP 地址时就可以看到网页工作者的劳动成果了,我们的用户也可以随时检阅网站的技术水平了。

(二)网站的更新与维护

没有人愿意看到一成不变的网页,因此网页需要不断地更新内容。过一段时间(通常是一年到两年)进行一次网站的改版或者技术升级,才能保证网站具有长盛不衰的生命力。

五、任务小结

本次任务让大家简单地了解了网页设计流程,让网页设计新手们对网页设计中的各项工作有了更加深入的认识。本次任务中涉及的大部分内容在今后的章节中还会详细介绍,大家可以慢慢消化。

项目2　网页设计师的起步

工作任务1　网站图像设计

学习目标

1. 了解 Fireworks。
2. 了解网站图像的基本知识。
3. 解网站色彩基本知识。
4. 掌握文字的设置技巧。
5. 掌握图像的基本设置。
6. 图文排版规律的创新。

一、开篇励志

"路漫漫其修道远,吾将上下而求索"——屈原。

在成为一名优秀的网页设计师方面,前方的道路还很漫长,但我们要百折不挠,不遗余力地去追求和探索。

二、设计任务

今天接到的任务是为母校——新疆交通职业技术学院开展的人才评估工作汇报网站制作一个简单大方的网页。专家及师生们进入汇报网站时先看到的是个简单的封面网页,通过点击网页上的热点链接进入真正的主页。

今天是我们第一次接触网页四剑客软件,也是第一次做设计。"工欲善其事,必先利其器",这里还需要简单了解 Fireworks 及相关设计知识。

(一)认识 Fireworks

Adobe Fireworks CS6 是一款用来设计网页图形的多功能应用程序。随着版本的不断升级、功能的不断加强,Fireworks 受到越来越多设计者的欢迎,尤其是网页设计师的青睐。

(二)Fireworks 使用简介

1. 启动 Fireworks

启动 Fireworks 程序主要有以下四种方法,如图 2-1-1 所示:

方法一:使用"开始"菜单 | "所有程序" | "Adobe Fireworks CS6",或直接使用"开始"菜单中的"Adobe Fireworks CS6"菜单快捷方式;

方法二:双击桌面"Adobe Fireworks CS6"快捷图标;

方法三:在任意"Adobe CS6"文档图文档上使用鼠标右键快捷菜单命令"Edit with Fireworks"。

图 2-1-1　启动 Fireworks 的几种方法

启动 Fireworks 后会出现起始页面,如图 2-1-2 所示:

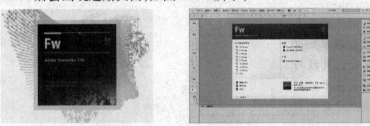

图 2-1-2　Fireworks 的起始界面

2. Fireworks 的基本文档操作

学习其实并不难,要"触类旁通"。Fireworks 的基本文档操作与其他软件并没有什么大的区别,学一样通百样。

(1)创建新文档

Fireworks 创建新文档有三种方法,如图 2-1-3 所示。

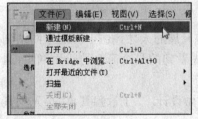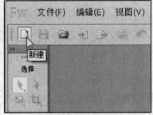

图 2-1-3　Fireworks 创建新文档的几种方法

方法一:选择"文件"-"新建",或使用组合键"Ctrl + N";
方法二:在主要工具栏中单击"新建"按钮;
方法三:在"开始"页选择"新建 Fireworks 文档(PNG)"。
无论使用哪种方法创建文件,都将出现如图 2-1-4 所示的"新建文档"对话框。
只有建立了画布才能进行全新的设计。如果全新设计是以某个存在图像为基础则可以选择"打开"文档。

(2)打开文档

打开文档是指将已经存在的文档调入 Fireworks,打开文档有三种方法:
方法一:选择"文件|打开",在随后弹出的对话框中依次选择相应文件;
方法二:在主要工具栏中单击"打开"按钮,后续操作同上;

方法三:在"开始"页选择"打开最近的项目"列表中的项目。

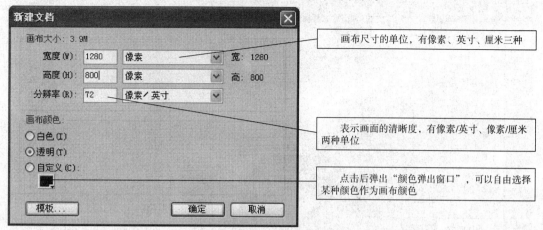

图2-1-4 "新建文档"对话框

(3)保存文档

Fireworks中使用"文件|保存"(或工具栏上"保存"按钮)操作只能将文档保存为"*.PNG"文件格式,并且保留所有独立图层和可编辑性。

(4)导出文档

使用"文件"|"导出"操作将Fireworks中处理的所有对象输出为其他格式,如GIF、JPG等。大多数导出格式会将所有图层合并,因此丧失可编辑性。但导出是将图片容量缩减的最有效的形式,也是实际运用中真正使用的格式。

注意:源文件用于编辑,而导出文件用于表现。

(5)关闭文档

关闭文档要与关闭程序区别开来,关闭文档不会关闭Fireworks,而关闭程序是退出Fireworks。

方法一:选择"文件|退出",也可以使用组合键"Ctrl + N"。

方法二:点击文档标签栏上的"关闭"按钮。

(6)还原文档

这个功能十分有用。对某个文件进行了一系列操作后想方便快捷地恢复到文档最初状态,或者在文档被改得面目全非而无法恢复时可以使用"文件|还原"命令。

3. Fireworks的操作界面

只有打开了某个文档,Fireworks的工作界面才会完全显示,否则所有的菜单、工具、面板都是灰色(不可用状态),如图2-1-5所示。

三、设计知识

(一)网站图像分类

计算机以矢量或位图格式显示图形。

矢量图形通过数学计算出一系列指令集合(如路径、笔触、颜色等)来描述图形。因此,矢量图形与输出设备分辨率无关,放大或缩小不会失真。

位图也称为点阵图、栅格图,它是由具有特定位置和颜色值的像素点构成,放大位图图像会使图像边缘产生锯齿,即图像失真。因此不同的输出设备会影响位图图像的显示效果。

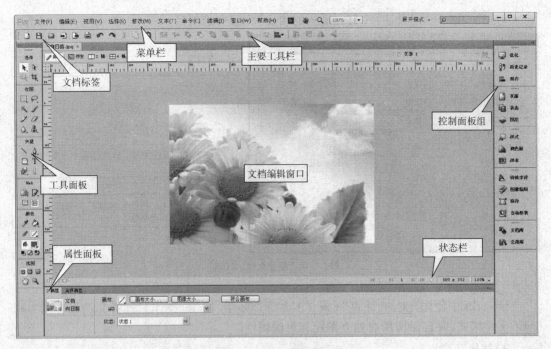

图 2-1-5　Fireworks 的操作界面

矢量与位图的区别如图 2-1-6 所示。

图像格式有很多，如 JPG、GIF、BMP、TIF、PSD、PNG 等。但网页不同于其他媒体，在考虑网页对象美观的同时还要考虑实用。网页中最常用的文件类型有：

图 2-1-6　矢量图与位图的区别

GIF（即图形交换格式），最多包含 256 种颜色，支持透明和动画，适合制作比较简单的图像及透明图像，尤其适合制作简单动画。

JPEG（联合图像专家组），支持几乎所有颜色，常被用于制作具有渐变颜色过渡的图像，不支持动画和透明。

PNG（可移植网络图形）是 Fireworks 的本身文件格式，可支持多达 32 位的颜色，支持透明。因其文件容量太大目前较少直接用于网页，但制作 Flash 动画时常使用到 PNG 透明文件。

（二）网页图片格式的选用

如果制作的图片颜色数量比较单一，如卡通、徽标等，或包含透明区域、需要动画效果，应选择 GIF 格式。

当图像的颜色比较丰富、有大面积的渐变色带时，最好选择 JPG 格式，如照片、纹理等。

（三）网站的色彩含义

人眼对色彩相当敏感，具有优秀色彩搭配的网页、图像会更容易吸引浏览者。色彩的基本特征有色相、明度、纯度三个方面。我们通过 Fireworks 的颜色设置熟悉这三个参数，其中 Fireworks 参数"色调"对应色相，"亮度"对应明度，"饱和度"对应纯度。如图 2-1-7 所示：

研究表明，颜色能够引起人生理反应，如红色会让人警示、心跳加快，蓝色可以让人放松、平静，等等。在不同的文化背景下，图像通过颜色传递着不同的心理感受和象征意义，如

表 2-1-1 所示。

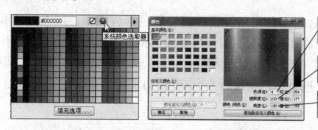

色相：颜色的种类，是区别颜色的最基本的属性。如红橙黄绿青蓝紫等。

纯度：颜色的鲜艳程度，纯度越高，色越纯，越鲜艳；纯度越低，色越浊，越暗淡。

明度：颜色的明亮程度。最亮为白色，最暗为黑色。

图 2-1-7　Fireworks 中颜色参数的设置

颜色所传达的意义　　　　　　　　　　　　　表 2-1-1

颜　色	正　面　意　义	负　面　意　义
红色	热情、奔放、鼓舞、浪漫、喜悦、庄严	暴力、侵略
橙色	明亮、温暖、辉煌、华丽、健康	
黄色	高贵、富有、灿烂、活泼、轻快、丰收	疾病、懦弱
绿色	稳定、温和、生命、成长、植物、财政、农林畜牧	嫉妒、阴郁
蓝色	神秘、清爽、智慧、宁静、天空、宇宙、海洋、科技	冷漠、悲哀
紫色	浪漫、高贵、神秘、稀有	死亡
黑色	严肃、夜晚、沉着、精致、现代	死亡、病态、邪恶
白色	纯洁、简单、洁净、正理、和平	死亡、冷淡、贫乏
灰色	庄重、沉稳、温和	刻板
棕色	大地、厚朴	贫瘠

值得注意的是，单纯的颜色并没有实际的意义，和不同的颜色搭配所表现出来的效果也不同。如绿色和金黄、淡白搭配，可以产生优雅，舒适的气氛；蓝色和白色混合，能体现柔顺、淡雅、浪漫的气氛；红色和黄色、金色的搭配能渲染喜庆的气氛；而金色和栗色的搭配则会给人带来暖意，等等。设计的任务不同，配色方案也随之不同。考虑到网页的适应性，应尽量使用 RGB 色彩模式下的 216 种网页安全色，如图 2-1-8 所示。

色彩模式：

RGB 色彩模式由光的三原色 Red（红）、Green（绿）、Blue（蓝）组成。网页中使用的图片及显示器上出现的图像，大多数是 RGB 色彩模式制作的。

还有其他色彩模式，如 CMYK 模式、灰度模式、索引色模式、双色调模式、位图模式等，这里就不详细介绍了。

网页安全色：

网页安全色位数与计算机性能能有关。一般来说，以 8 位元 256 色为基准，除去浏览器中表现的 40 种颜色，剩下 216 种色彩。虽然对于一般用户的环境没有必要一定要使用安全色，但在设计网站标志和网页背景色彩时还是应该考虑的。

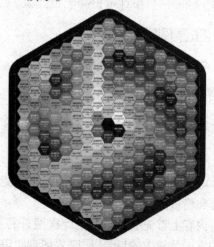

图 2-1-8　网页 216 种安全色

(四)网页颜色的搭配

网页颜色搭配可不是件容易的事,很多公司还特别聘请专业色彩咨询师。网页设计师娴熟的颜色搭配是在实践中不断摸索和不断创新中积累起来的。但是对于刚开始学习制作网页的人来说,往往不容易驾驭好网页的颜色搭配。认真学习别人的先进方法和经验,可以快速提高我们的制作水平。可以说,网页颜色搭配得当,也就成功了一半。

网页色彩搭配技巧可以参考如下:

1. 使用颜色对比

颜色的对比包括色纯度、明度的对比,冷暖对比,还可以使用色块面积、形状的对比,位置的对比等。

2. 使用行业色或标准色

如果企业或单位有固定的标准色,那么在网页配色的时候就要充分考虑其色彩特点,网站颜色一般选取同色,如中国移动的蓝色、中国联通的红色。同时还要注意某些行业有默认的色彩使用规矩,如政府网站一般采用红黄搭配,环保网站一般采用绿色,女性网站一般采用粉红色、粉紫色等。

3. 注意某些色彩的特殊性

颜色也有特殊性,相同的颜色在不同的国家、地域、宗教、民俗中有不同的理解,如伊斯兰国家崇尚绿色。在东方白色代表肃穆的葬礼,而西方则是圣洁的婚礼。

4. 突出色彩个性,兼顾整体统一

有了如上一些颜色使用规范,却不必束手束脚。现在是一个倡导个性的时代,在相应的规范下,只要能体现个性和特点,就可以尝试。但要注意不要把网页弄成"万国会",甚至是"暴发户"、"乞丐帮"。

5. 突出重点、协调节奏

配色时可以将某个颜色作为重点颜色(有标准色即使用标准色),也就是我们所说的"主色"。一般主色会反复出现,产生节奏。再就是找到与之搭配的辅色和区域分割色。

总之,色彩的搭配不是一下就能掌握的,是需要长期练习和积累,更需要"他山之石"来帮助年轻的网页设计师提高配色经验。

四、案例赏析

本书配套教学资源中有很多 Fireworks 图像,都是从网络上下载的优秀设计,如图2-1-9 所示。

五、任务准备

(一)设计分析

本次接到的任务比较正式,所以不能做得太随意,也不能太前卫,最好是简单大方,又有自信和稳重的气质。

内容上首先要具备的是此次网页的主题"人才培养工作自评报告"、学院的正式全名、学院的标志及相关的口号,同时要展现学院的精神面貌,当然通过学院的校训"励学"、"笃行"来体现。

图 2-1-9　Fireworks 优秀设计

配色上请教了其他设计师,形成两套方案:方案一是使用沉稳的黑色+高亮度的橙黄色,以体现学院的沉稳自信(还有一些"王者的霸气");方案二使用传统的白色和天蓝色搭配,寓意纯净清朗。用户相中哪个就用哪个,"顾客就是上帝"嘛!

此次的设计有一个特点:虽然"人才培养工作自评报告"是本网站的主题,但对于评估专家来说已经非常熟悉不需要强调,因此把学院评估的口号和校训通过尺寸对比和颜色对比突出显示,其他内容进行弱化。

图像设计效果图如 2-1-10 所示。

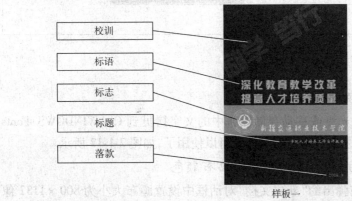

图 2-1-10　任务设计效果图

(二)技术分析

使用工具:Fireworks CS6。

使用技术(表2-1-2):

本次任务使用的技术　　　　　　　　　表 2-1-2

序号	技 术	难 度 系 数
1	特殊字体的安装和使用	★★☆☆☆
2	矩形工具的设置和使用	★★★☆☆
3	文本工具的设置及艺术体现力	★★★☆☆
4	变形工具的使用技巧	★★☆☆☆
5	对齐对象的方法和技巧	★★☆☆☆
6	颜色的搭配的常规操作和小技巧	★★☆☆☆
7	图片的导入和简单处理	★★★☆☆
8	图片的优化设置	★★★★☆
9	将图片生成网页	★★★★☆

(三)素材搜集

首先向学院相关部门索要本次工作的宣传资料,重点是要保证网页内容的正确性;此外,还需要学院的标志及学院的标准字,再加上我们平时积累的一些知识,如学院的校训等。

> 什么是"标准字"?
> 标准字也是 VIS(Visual Identity System,视觉识别系统)的一部分,是指使用特殊的字体、字体颜色、字体样式等作为企业的文字标准。如图2-1-11所示。由毛泽东提笔的"清华大学"和"人民日报"已经成为固定的形式出现在各种场合。

图 2-1-11　VIS 设计

六、任务开展

1. 安装设计中需要使用的特殊字体

步骤:①将含有特殊字体的光盘或移动存储设备中的文字拷贝到 C:\WINDOWS\Fonts 目录下;②重启 Fireworks 后,刚才安装的所有字体就可以使用了,如图2-1-12所示。

2. 新建 Fireworks 文档,并设置文档尺寸及画布颜色

步骤:选择"文件|新建",在弹出的"新建文档"对话框中设置画布大小为 800×1132 像素,画布颜色为黑色(#000000),此时画布效果如图2-1-13所示。

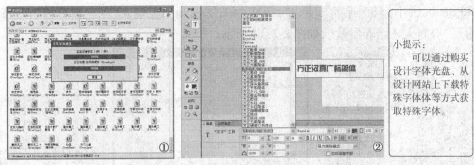

图 2-1-12 安装特殊字体

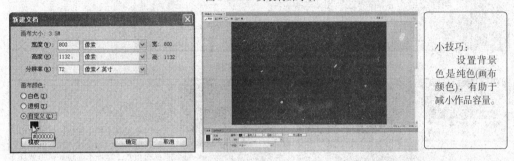

图 2-1-13 设置文档尺寸及画布颜色

3. 调整文档显示比例，方便全局把握

步骤：双击【工具箱】中"手形"工具，此时文档以工作区能够显示的最佳大小显示，如图 2-1-14 所示。

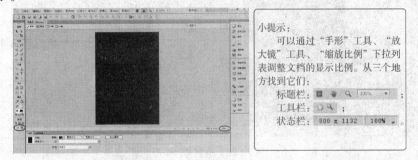

图 2-1-14 调整文档显示比例

4. 保存文档

步骤：①选择"文件|保存"，或使用"主要"工具栏上的"保存"按钮，当然，最快捷的方法是使用组合键"Ctrl + S"；②将文件存成如图 2-1-15 中文件名的文件。

5. 在文档的中间偏下位置绘制一个贯穿文档左右的矩形，矩形设置为无边框的橘黄色块

步骤：①选择工具箱中的矩形工具；②设置线条色为"无色"；③填充色为"#FF9900"；④按住鼠标左键在画布中偏下位置从左上角向右下角拖动，直到出现一个矩形块。放开鼠标，画布上显示一个无边框的橘色矩形，如图 2-1-16。

6. 输入主题文字，颜色设置的比矩形块稍微亮一些；调整字符间距与行高，让文本更舒展

步骤：①选择【工具箱】上的"文本"工具，在【属性】栏设置字体为"方正综艺简体"，颜

色为#FFBF00,大小为80,字符间距27,行高140;②在画布上输入"深化教育教学改革",回车再输入"提高人才培养质量",如图2-1-17所示。

图2-1-15 保存文档

小技巧：
　　网页设计师要养成随时保存作品的好习惯，否则碰见断电、死机，辛苦就白费了。Fireworks CS6保存的时候会自动在文件后面加入"fw"，也可以删除。

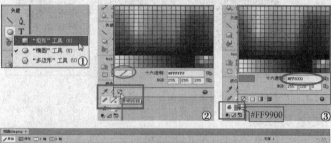

小提示：
　　【工具】栏上的颜色区域可以进行各种颜色的设置，同样的设置还可以从【属性】面板颜色设置区域和【混色器】面板中找到。

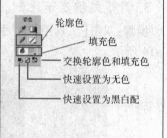

图2-1-16 绘制橘色矩形

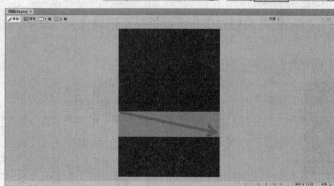

小提示：
　　可以使用鼠标点击对象，对象周围出现蓝色线框，表示对象已被选中。选中对象后才能进行其他操作，如改变属性、移动、复制、删除、绽放、旋转等。

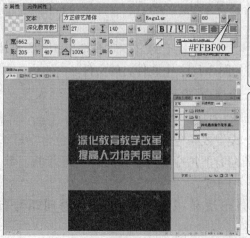

小提示：
　　在Fireworks中，先绘制的对象层叠顺序位于下层，后绘制对象在上层。想修改对象的层叠顺序可以先选中对象，再选用以下三种方法之一：
　　(1)右键菜单"排列"的系列命令；
　　(2)工具栏 图标；
　　(3)在【层】面板上进行上、下拖动。

图2-1-17 输入文字

7. 导入学院标志

步骤：①选择"文件|导入"；②在弹出的对话框中选择配套网上教学资源此次工作任务文件夹"任务准备"中的"logo.png"文件；③此时画布中出现一个"┌"形，在适当位置点击，图片即插入到文档中。如图 2-1-18 所示。

图 2-1-18　导入学院标志图片

8. 将标志缩放到合适大小，放在橘色矩形块左端位置

步骤：①使用工具栏中的"缩放工具"；②此时导入的图片边缘出现有 8 个控制点的控制框，将光标移动到边框的边角上，直到出现双向箭头，拖动鼠标调整图像大小，直到合适大小。如图 2-1-19 所示。

图 2-1-19　调整图片大小

9. 在 Logo 旁边偏下的位置输入文字"新疆交通职业技术学院"和"学院人才培养作自评报告"，放在橘色矩形下面

步骤：①按第 6 步同样的方法输入"新疆交通职业技术学院"，设置字体为"方正黄草体"，字号 57，白色#FFFFFF；②输入"——学院人才培养工作自评报告"，设置字体为"华文行楷"，字号 30，颜色#FFC926。效果如图 2-1-20 所示。

10. 输入文本"励学笃行"，调整角度使其倾斜，适当降低透明度

步骤：①输入文字"励学笃行"，字体为"方正综艺简体"，颜色#FFFFFF，字号 162，加粗；②使用工具栏中的"缩放工具"，拖动鼠标调整文字角度；③调整属性栏上的"不透明度"组合框，使不透明度为 20，如图 2-1-21 所示。

图 2-1-20 输入其他文字并设置属性

图 2-1-21 制作"励学笃行"文字效果

11. 优化图片的尺寸和质量

步骤：选择"窗口|优化"，右侧面板组弹出【优化】面板；点击"系统预设的优化选项"下拉列表按钮，选择"JPEG—较小文件"，其他设置不变。如图 2-1-22 所示。

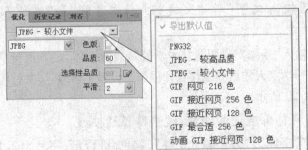

图 2-1-22 优化图像

12. 缩小整个作品尺寸

步骤：①选择"修改|图像大小"；②在弹出的"图像大小"对话框选中"约束比例"按钮，设置图像尺寸的高度为600像素,此时宽度自动变成424像素。如图2-1-23所示。

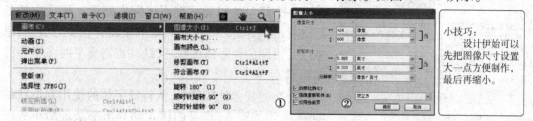

图2-1-23 优化图像

小技巧：
设计伊始可以先把图像尺寸设置大一点方便制作，最后再缩小。

13. 在浏览器中预览图像

步骤：①选择"文件|HTML设置"；②在弹出的对话框中设置"页面对齐"方式为"水平居中"，按键盘上的"F12"键；③此时图像在浏览器中显示出来。如图2-1-24所示。

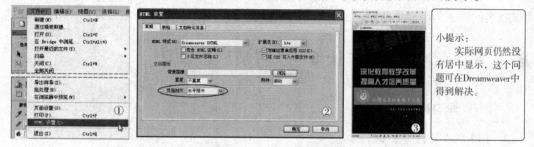

图2-1-24 在浏览器中浏览图像

小提示：
实际网页仍然没有居中显示，这个问题可在Dreamweaver中得到解决。

14. 导出优化后的图像

步骤：①选择"文件|导出"；②在"导出"对话框中选择文件保存的位置和文件的名称，也可以直接在"我的电脑"文件夹窗口查看，或者使用图片浏览软件预览图片。如图2-1-25所示。

图2-1-25 导出优化后的图像

小提示：
Fireworks的源文件格式是".png"，此格式保留了图层动画等原始信息，始终是可编辑的。而导出文件格式(JPG、GIF等)合并了图层，图片将不能再编辑。导出图像格式由【优化】面板中设定的格式决定。

七、拓展训练

刚才我们制作了一个黑色版本的封面型网页，还有一个蓝色版的网页，不妨小试牛刀

（图 2-1-26）。当然还可以根据你自己的口味进行自我创造。

图 2-1-26　蓝色版图像

八、任务小结

一个简单的封面式网页就制作好了。从这次任务可以看出，掌握技术并不难，难的是要有想象力、创新思维以及协调的色彩搭配技巧，这些都需要平时多学多练多积累。

此次的任务比较简单，从特殊字体的使用到形状的绘制、文本的输入、作品的优化和导出都是最简单的应用，是今后任务的入门和基础，只需要简单的理解和应用即可。

九、挑战自我

计算机基础操作需要比较熟练。在"挑战自我"的环节，请大家设计一款全国计算机等级考试报名的海报。不光要在设计上揣摩如何吸引浏览者，还要在制作技术上努力突出重点。

工作任务 2　网站广告设计

 学习目标

1. 了解广告的设计知识。
2. 理解颜色的运用。
3. 理解对象的操作：复制、移动、排列。
4. 理解路径的操作。
5. 掌握矢量图的绘制技巧。
6. 广告设计的创意、美化、创新。

一、开篇励志

"不积跬步，无以至千里"。打好基础、注重细节才能成为一名合格的网页设计师。

二、设计任务

才上任的网页设计师，又来第二笔单子了，虽然简单但又是一个练手的机会。这次是香巴拉食品公司为他们的产品征集一个广告。和包装设计不同，这个广告是为了在网页中赢得浏览者的点击，而不是一个专题广告。

设计之前，我们先了解下网页广告的设计知识吧。

三、设计知识

（一）网页广告简介

网页广告，即 Banner，英文意思为旗帜、横幅、标语。网页广告的作用就是向广告的访问者传递信息。而且随着网络的发展，网页广告已经成为网络"名利双收"的重要途径。

(二)网页广告的特点

在浏览各式各样的网站时,我们能见到很多漂亮的广告条。与前几年的简单图像广告相比,如今网页广告添加了更多吸引人的特效,所占的市场份额也越来越大。网站广告之所以发展如此迅速,是因为它具备许多报纸、广播、电视等传统媒体无法比拟的优点。

(1)没有时间、地域的限制,传播范围广泛;
(2)"一切皆有可能",富有创意,访问者身临其境、感官刺激性强;
(3)直达目标用户,目标群体容易把握;
(4)发布、更新方便,价格经济实惠,节约成本;
(5)强烈的互动性,浏览者有选择的权利;
(6)广告效果统计方便、快捷。

正因为如此,网站广告的发展才愈加迅速,成为一块诱人的"蛋糕"。

(三)网页广告的分类

网页广告的形式多种多样。随着网络的发展和制作技术的进步,新的广告形式还在不断的涌现。目前,常见的广告形式有以下几种:

1. 文字广告

文字广告最早出现也是最常见的广告形式,优点是直观、易懂、表达意思准确。但文字广告相对其他形式会显得比较死板、缺乏吸引力。还有一类比较特殊的文字广告,就是有时出现在搜索引擎页面的文字链接广告,它会随着浏览者输入的检索关键词的不同而变化。它是一种既省钱又有效的广告方式。

2. 固定广告

固定广告是除文字广告外,最常用的广告类型,有很多不同的尺寸,也使用多种表现方式,但它们像插图一样,定位在网页中,位置不会变化。

3. 漂浮广告

漂浮广告有很多种活动方式,如在网页中做直线或曲线运动,也可以像对联那样在页面两边浮动,还可固定飘在网页的某个位置。漂浮广告中有一种新的形式,它不是用传统的方形窗体显示目标信息,而是根据宣传内容的外观弹出各不相同的窗口。

以搜狐网为例,网页上存在的广告类型如图 2-2-1 所示。

4. 弹出广告

弹出广告是一种强制性广告,打开网页时广告会自动弹出,是十分普及又令人反感的一种广告类型。随着浏览器功能的增加,弹出广告会被自动拦截,使这一广告形式逐渐失去作用。

5. 自动折叠、消失广告(内嵌式广告)

这类的广告一般以比较大的尺寸出现在网页中。折叠广告过一段时间会自动缩成比较小的尺寸并固定或漂浮在网页的某个位置,而消失广告则会迅速或缓慢地变透明直至消失。

(四)网页广告的表现形式

网页广告是网络营销主要方法之一,下面就与大家谈谈常见网页广告形式。

1. 竖式旗帜

网页的左右两侧是十分有效的宣传位置,既可以使用静态图形,也可以使用动态的图像文件,吸引浏览者。

图 2-2-1 搜狐网上的广告类型

2. 横幅式广告

也叫旗帜广告。这种广告形式是将 GIF、JPG、swf 等格式文件放在网页中，配合 JavaScript 脚本语言，具有很强的交互性、很好的表现力效果。它一般被安排在网站主页的头部，是网站中最重要、最有效的宣传手段。

3. 按钮广告

这种广告形式是将一些图像按钮放在网页中，通过访客的点击打开广告内容。

4. 导航广告

导航广告默认出现在网页菜单导航中，可提高网站访客的点击率。一般这种广告都是以合作商的形式推广。

5. 赞助广告

赞助广告一般是以合作的方式提供，主要方式有三种：①内容赞助；②活动赞助；③友情赞助。赞助广告形式五花八门，主要以网站合作的形式，赞助相关的类别广告。还可通过一些事件、节日、活动的形式做广告营销。

6. 图标广告

图标广告是以网站或者公司、产品的图标形式展现，让浏览者有选择性地点击，具有简洁明了的优点。

仍然以搜狐网为例，展示一下各类广告形式，如图 2-2-2 所示。

（五）广告条的尺寸

广告普遍存在网页中，每个网站都需要根据实际情况决定广告的尺寸。广告尺寸没有绝对的规定，但可以参照业界通用的网页广告大小标准（IAB/CASIE 标准），如图 2-2-3 所示。

图 2-2-2 搜狐网上的广告形式

图 2-2-3 两次发布的业界标准的 Banner 尺寸

除此之外,还有其他一些广告尺寸,如弹出图片尺寸 160×160px、弹出窗口尺寸 360×300px、通栏广告尺寸 770×100px、流媒体尺寸 200×150px、新闻画中画 360×300px、漂浮广告尺寸 80×80px、先全屏后收缩广告尺寸 750×550px、视频广告尺寸 300×250px 等。最好参考以上两个标准设置广告的尺寸,但在具体制作过程中也可以根据自己的需求调整。

(六)优秀网页广告的五个标准

1. 协调的媒体技术

广告可综合使用文字、图像、动画、声音、视频、动画,但要注意将各种媒体运用得体,既要考虑搭配效果,绚丽和简洁适度,又要考虑下载速度。

2. 适当的广告长度

一次广告(尤其是带动画效果的广告)的播放时间通常应在 5~8 秒之内,过于漫长的广告会使用户兴趣全无。

3. 精炼的广告语

和其他方式的广告一样，广告语是吸引用户的最重要的手段之一。因此，广告中的文字应言简意赅，能够准确展示站点服务，深化网站主题，还必须简练、朗朗上口，这样才能使用户更易于接受广告所传递的信息。

4. 较快的下载速度

鉴于网页广告是在网络中传播，因此效果要尽可能好，文件也要尽可能小。一般来说，广告文件大小要小于 20K。

四、案例赏析

💿 见本书配套网上教学资源。

五、任务准备

（一）设计分析

图 2-2-4 香巴拉公司 Banner

虽然网络上的动画广告让我们很想一试身手，但"高楼大厦平地起"，先让我们从静态广告开始吧。广告的目的就是吸引客户，因此风格上需要稍微张扬一些，最好一眼就能够让浏览者注意到网页中的小面积广告。因此色彩上采用红黄搭配的暖色调。另外，还可以通过一些小"把戏"让观众的眼光集中到广告中来，比如带有收缩效果的图案，文字角度的微妙变化等。由于公司没有广告语，因此我们就使用香巴拉公司及其产品名称好了，画面简单，主题一目了然。

香巴拉公司广告的效果图构想如图 2-2-4 所示。

（二）技术分析

使用工具：Fireworks CS6。

使用技术如表 2-2-1 所示。

使用技术分析　　　　　　　　　　　　表 2-2-1

序号	技术	难度系数
1	颜色的设置，尤其是渐变色的使用	★★★☆☆
2	不规则形状的绘制和变化技巧	★★★★☆
3	对象的复制和排列	★★☆☆☆
4	文字的输入和装饰	★★☆☆☆
5	对象的变形技巧与艺术表达	★★★☆☆
6	矢量图形的美化和个性设置	★★★☆☆
7	路径的绘制和修饰	★★★★★

（三）素材搜集

对于一个网页上的小尺寸广告，香巴拉公司没有提出具体的要求，表示"可以放手"制作，也无需使用特定的公司 Logo 或图案。于是，我们就开动脑筋，省去了搜集素材这项工作。

六、任务开展

1. 新建 Fireworks 文档,立即保存

步骤:新建文档,设置画布大小为 500×500 像素,颜色为白色(#FFFFFF);双击"手形"工具,使文档以最佳大小显示;将文档保存为"香巴拉产品广告.fw.png"。

2. 绘制一个与画布同样尺寸的无边框矩形作为背景

步骤:①选择【工具】中的"矩形"工具,在【属性】中点击矩形的"渐变填充"按钮;②在弹出的设置框中选择渐变类型为"放射状"、设置"颜色1"为#FF3300,"颜色2"为#FFCC00;③使用"矩形"工具,从画布左上角到右下角拖出一个矩形,此时画布中出现一个带渐变色的矩形。如图 2-2-5 所示。

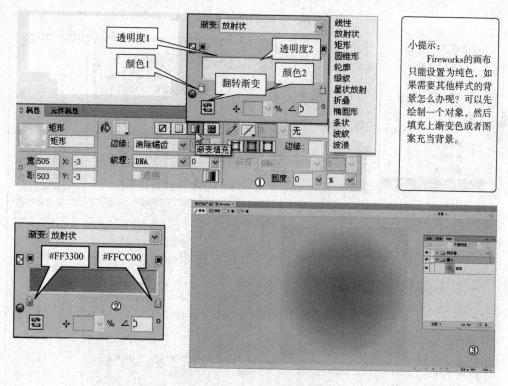

图 2-2-5 绘制渐变矩形

3. 修改放射状填充的范围,使画布中红色范围更大

步骤:使用【工具】里的 (指针工具)选中画布中的矩形,此时矩形上出现一个填充控制手柄,向外侧拖动"放射状填充的边缘范围控制点",直到满意即可放开鼠标。如图 2-2-6 所示。

4. 在画布中心绘制一个多角星,填充色为黄色到红色的放射状渐变

步骤:①选择【工具】中 (星形工具);②在【属性】的"渐变填充"编辑填充样式界面中选择"反转渐变",此时渐变色产生了反转;③在画布中拖动鼠标绘制一个与画布内接的星形,设置为黄色到红色的放射状渐变填充。如图 2-2-7 所示。

5. 调整星形的内径和外径及圆度,最后成为放射状

步骤:①向上拖动星形的"点数",使点数为 12;②向外拖动"半径1",扩大星形的外径;

35

③向内拖动"半径2",使星形的内角尖锐;④向内拖动"圆度1",使星形的外角圆润;⑤向外拖动"圆度2",使星形呈放射状;⑥向内微调"半径2"、"圆度1",向外微调"圆度2"。如图2-2-8所示。

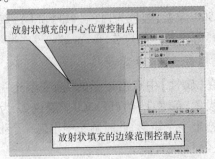

图2-2-6 修改矩形渐变范围

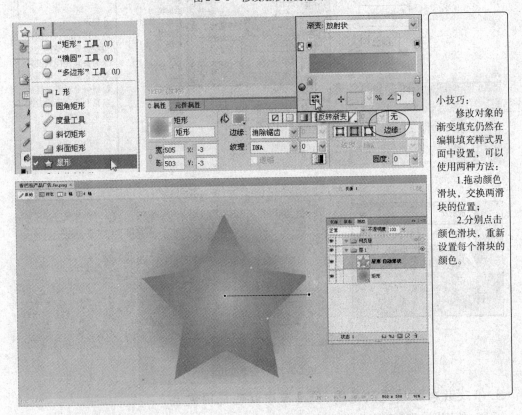

图2-2-7 修改矩形渐变范围

6.修改背景渐变色彩

步骤:此时发现画布中背景渐变和星型颜色混淆,不够突出。①在【图层】面板中选择背景;②修改背景颜色。如图2-2-9所示。

7.绘制背景上装饰用的半透明五角星

步骤:①选择【工具】中的"多边形"工具;②设置线条色为无色,填充色为白色;③在属性栏上选择"形状"为星形,边数为5边,角度设置为58,透明度为30;④在画布中拖动绘制出一个五角星,可以使用"变形"工具调整其到合适大小。如图2-2-10所示。

小技巧：
在画布中操作对象时，可以实时修改画布的显示比例。缩小画布比例有利于把握全局，放大画布有利于观察细节。

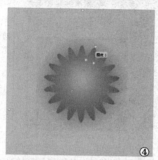

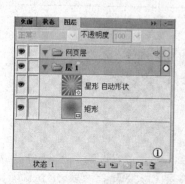

小技巧：
通过调节"星形"工具的控制点，可以做出很多奇妙的图形，例如：

图 2-2-8　制作放射状光芒

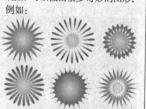

小技巧：
这次绘制的对象因为尺寸比较接近，在选择操作对象时容易混淆。这时可以通过在层面板上将其锁定或隐藏的方式来防止被修改。

图 2-2-9　修改背景渐变色彩

8. 将五角星复制多个，并拖到合适的位置，围成圆形

步骤：选中刚才绘制的五角星，按住鼠标左键的同时按住 Alt 键，拖动到合适位置放开鼠标即可。同理复制多个放在合适位置。复制完毕还可以再次移动对象的位置，让对象们更加美观、协调。如图 2-2-11 所示。

9. 将众多五角星全部选中，组合成一个整体

步骤：①在【层】面板上选中第一个星形层，按住 Shift 键再点击最后一个星形层，此时层

37

面板上所有星形层都"高亮"显示,画布上的星形也呈选中状态。②选择"修改|组合"或按 Ctrl + G 键将所有星形组合起来。如图 2-2-12 所示。

小提示:
"多边形的形状"有"星形"和"多边形"两种。"边"指多边形的边数;而"角度"是指多边形的夹角。数值越大,角越钝;数值越小,角越尖锐。

图 2-2-10 绘制背景上装饰用的半透明五角星

小知识:
按住Alt键拖动对象是最简单的复制方法,其他复制方法还有:
1."编辑"菜单里的复制、粘贴命令,或组合键"Ctrl+C"和"Ctrl+V"。这种方法新产生的对象位于原对象的正上方;
2.选择"编辑|重置"或组合键"Ctrl+Alt+D"进行偏移复制。产生的对象与原对象有一定的位移;
3.选择"编辑|克隆"或组合键"Ctrl+Shift+C"进行原位复制。产生的新对象与原对象重叠。

图 2-2-11 复制五角星

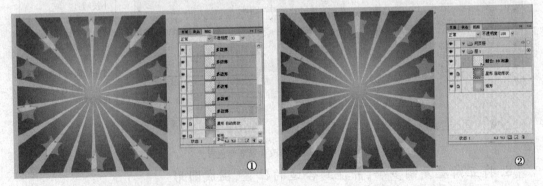

图 2-2-12 组合五角星

10.使用文本工具,分别添加"香巴拉"和"牛肉干"字样

步骤:使用【工具】中的"文本"工具,在画布中分别输入"香巴拉"和"牛肉干"字样,同时选中2个文字,设置字体为"方正黄草简体",字号120,黑色加白色描边。调整文字位置到满意为止。如图2-2-13所示。

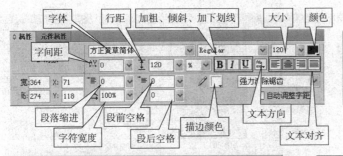

图 2-2-13 输入文字

11. 使用变形工具中的扭曲工具调整文字角度，呈现立体效果

步骤：①先选中文字"香巴拉"，使用"工具箱"中的"倾斜"工具；②这时画布中选中的文字出现控制点，将光标移动到左控制点上，向外侧拖动鼠标，使文字角度倾斜；③同理修改另外一个文字对象的倾斜控制点。调整一下文字位置，最终图片效果如图 2-2-14 所示。

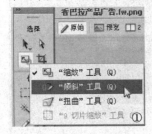

图 2-2-14 倾斜文字

12. 选择适合的格式优化图像

步骤：使用工作区中"文档编辑窗口"上的"4 幅"分出四个区域。①点击左下方的窗口，选择"GIF 最适 256"。观察得知，GIF 优化设置窗口中的图像（渐变光芒）已经失真，也就是说 GIF 格式不适合本图像；②点选右上方的窗口，在【优化】面板中选择"JPEG-较高品质"，画质与源文件几乎没有区别，但文件大小降低到 60.33k；③继续选择左下方的窗口，在【优化】面板中选择"JPEG-较高品质"，发现画面品质并没有太大的损失，但文件大小已经狂降到"27.6K"。就选它！如图 2-2-15 所示。

13. 修改文档尺寸为规定的"方形按钮尺寸"并导出同名小尺寸的文件

步骤：①点击"文档编辑窗口"上的"原始"按钮，退出优化预览视窗；②选择"修改|画布|图像大小"，设置"像素尺寸"为 150×150 像素；③用"文件|优化"，将设置好尺寸和优化参数的文件导出到相应位置，文件名不变，仍为"香巴拉产品广告.jpg"（图 2-2-16）。

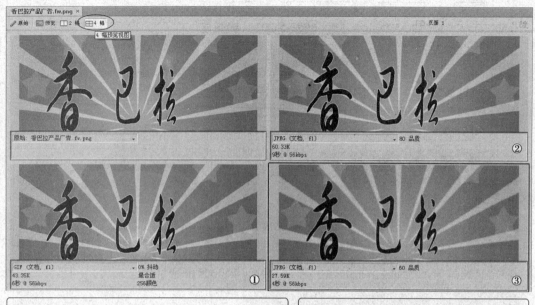

小技巧：
在选择图像的优化文件的格式时，可以选择比较窗口的数目，有"两窗"和"四窗"可供选择。
可以选择某一个窗口进行优化参数的设置，在多窗口中比较，确定最优方案后导出。

小技巧：
在进行优化对比的时候可以配合使用工具箱中的"放大镜"工具和"缩放"工具。四个窗口中的画面会同步变化。

图 2-2-15 选择图像优化格式

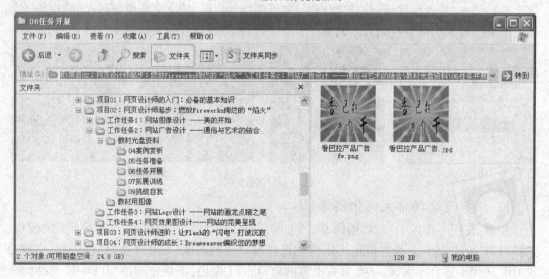

图 2-2-16 选择图像优化格式

七、拓展训练

刚才制作完成的是一个比较规整的广告图片，还有一个制作方法完全一样但颜色配置稍微不同的效果图，颜色主体偏红，如图 2-2-17 所示。图 2-2-18 是另一个设计样式。我们可以在最初的设计图上进行一些修改得到这两种效果图，这个修改需要掌握 Fireworks 路径绘制的知识。

八、任务小结

在本次任务中我们接触到了网页广告制作方面的知识，练习 Fireworks 中形状的绘制，颜色的使用，文字的输入和设置，对象的选择、排列和变形。其中，不规则形状绘制和属性设置是有些难度和技巧的，需要多多练习。此外，很多初学者都认为路径的绘制和修改有些难以理解，实际上只要记住"直线点点击，曲线点拖动"的口诀就会豁然开朗，况且还允许修改已经绘制的路径。

 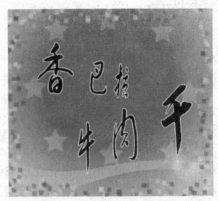

图 2-2-17　香巴拉 Banner 版本 1　　　图 2-2-18　香巴拉 Banner 版本 2

九、挑战自我

制作一个真正意义的"五心旗"（图 2-2-19），还有明媚春日下的"四瓣的三叶草"（图 2-2-20）。主要的技术要点有：钢笔工具的使用、形状的绘制、线条及填充的设置、文本颜色和方向的设置。

图 2-2-19　五心旗　　　图 2-2-20　幸运的四瓣三叶草

工作任务 3　网站 Logo 设计

 学习目标

1. 为对象添加滤镜。
2. 理解选区的制作和调整。
3. 理解裁剪位图和符合画布。
4. 理解对象的堆叠、成组与对齐。

5. 掌握使用图层。
6. 创建、编辑和使用蒙版的创新。

一、开篇励志

"画龙还需点睛",网页的点睛之笔就是网站的标志——Logo。

二、设计任务

今天,我的团队要制作一个小型的旅游宣传网站,主要针对喀纳斯旅游项目进行宣传。而作为网页设计组的一员,我的任务是制作网站 Logo。

在制作 Logo 之前,先熟悉一下设计相关知识。

三、设计知识

(一) CIS(企业形象识别系统)

CIS(Corporate Identity System,企业形象识别系统)是企业由内而外、有计划地展现自身形象的系统工具。它对内能够形成企业文化,对外能够取得社会认知,获得公信力。企业识别系统的主要目的是提高企业品牌价值,确立人们对企业价值观、审美情趣认同,提高企业形象。

一般认为,CIS 包含三方面的内容:

MI(Mind Identity)理念识别:企业精神、信条、方针、市场定位;

BI(Behavior Identity)行为识别:企业制度、企业教育;

VI(Visual Identity)视觉识别:企业名称、标志、色彩、图案、广告语、字体等。

其中 VI 是最直观具体,感染力最强,与社会工种的联系也最广泛的感受方式。而 Logo、文字、色彩的标准化、体系化是整个 VI 设计的核心。自从网络诞生后,网站作为 VI 的延伸在树立专业形象、宣传企业精神上起到越来越重要的作用。

麦当劳的整套 CIS 设计如图 2-3-1 所示。

图 2-3-1　麦当劳的整套 CIS 设计

(二) 网站标志 Logo

Logo,英文意为商标或标志,是 CIS 中非常重要的一部分。在网站设计中,Logo 是网站特点和内涵的集中体现。一个设计成功的 Logo 不仅可以很好树立网站形象,而且还可以传达网站的相关信息。在网页设计中,Logo 的作用体现在画龙点睛、树立形象、传递信息、品牌拓展等方面。

图 2-3-2 为一些常见汽车 Logo。

图 2-3-2 常见汽车 Logo

(三)设计要领

1. Logo 的设计工具

设计 Logo 可以使用常用的图像处理工具,如 Photoshop、Fireworks。如果需要制作具有动画效果的 Logo 还需要用到 Flash、3D GIF Design 和 Banner shop GIF Animator 等。

还有一些互联网上流行的小工具也可以制作 Logo,如专用的 Logo 制作工具、Logo 制作器、Logo&Banner 搜罗者、Company Logo Designer、飘雪动画秀、呼吸动画秀等。这些工具可以从 Internet 上下载,简单又实用。

本书配套网上教学资源提供了部分小工具,大家可以自己体验一下。掌握一些实用的小工具能让我们的工作效率大大提高。

2. 设计原则

一般来说,一个好的 Logo 应具备以下条件:符合国际标准;精美、独特;与网站风格相符,能够体现网站主题与内涵。

3. 标志位置

Logo 一般位于页面的左上角,这是约定俗成的设计原则,也是符合人们浏览的习惯。但有的网站另辟蹊径将 Logo 偏离页面左上角,在协调的网页搭配下也会让人眼前一亮,记忆深刻。

Logo 在页面中的位置如图 2-3-3 所示。

4. 标志尺寸

为了便于 Internet 上信息的传播,我们设计网站 Logo 时可以参照通用的国际标准。目前 Logo 有三种规格:

88×31 像素,这是最普遍的 Logo 规格;

120×60 像素,这是中等大小的 Logo 规格;

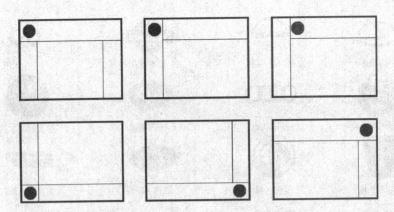

图 2-3-3　Logo 在页面中的位置示意

120×90 像素，即大尺寸的 Logo 规格。

网页设计师可以根据网页其他元素的布局情况确定 Logo 的尺寸。但如果是作为其他网站的超链接图片，最好使用 88×31 像素为宜。

5. 表现形式

标志的表现形式还是比较好理解的，主要有文字、图片、动画，以及各种形式的综合运用等。设计 Logo 时主要从构成、形体、颜色、字体及抽象与融合几个方面考虑。

(1) 特定文字

文字是最简单直接的表现形式，容易被受众理解和认知，但其本身的相似性很容易使浏览者记忆模糊。可以使用多种语言形式以加深印象，比如中英文对照。还可以使用特殊字体，以及字体的变形与抽象，达到更好的效果。

图 2-3-4 是几个常见文字型 Logo 的例子。

图 2-3-4　常见的文字型 Logo

(2) 特定图案

使用特定的图案会让网站 Logo 更加独特、醒目。通过隐喻、联想、概括、抽象等绘画表现方法对图片进行处理，使之能够表现特定的含义。

图 2-3-5 是几个常见的图像型 Logo 的例子。

图 2-3-5　常见的图案型 Logo

由于图像的表达并不能像文字那样明确，如果设计不当，容易使浏览者产生误解或只记住图像本身而没有与主题联系起来，所以就产生了图文结合的 Logo 类型。

(3) 图文结合

图文结合的 Logo 设计兼具文字与图案的属性，既可以透过文字造型让浏览者准确理解其主题,又容易给浏览者留下深刻的印象和记忆。

图 2-3-6 是一部分常见的图文结合 Logo 的例子。

图 2-3-6　常见的图文结合 Logo

(4) 复合动画

随着 Flash 技术的普及,越来越多的 Logo 设计摆脱了一成不变的静态文字和图像界面。动画的加入更加容易引起浏览者的注意和兴趣,许多绝妙的创意更是让网站设计锦上添花。但是,需要注意的是不要使用过多动画或者过于复杂的动画,俗话说"过犹不及",过多的动画会让人产生视觉疲劳和厌烦感。

图 2-3-7 是几个常见的复合动画 Logo 的例子。

图 2-3-7　常见的复合动画 Logo

6. 标志颜色

网站 Logo 的配色也是有讲究的,应该了解行业、消费者人群、品牌定位及竞争对手,与网站的整体形象相关联,与网站的整体风格相一致。同时,网站 Logo 应避免做得太"花",过多的颜色不仅在视觉上会减小图像尺寸,还会给人以华而不实的感觉。

图 2-3-8 是几个常见复合动画 Logo 的例子。

图 2-3-8　常见的复合动画 Logo

四、案例赏析

🔹本书配套网上教学资源中展示了一些比较优秀的网站 Logo 设计案例,大家不妨分析一下它们的设计特点和技巧。

五、任务准备

(一) 设计分析

考虑到网站的规模比较小,Logo 的设计也比较简单,就不遵循经典尺寸而采用自定义大小。既然网站的主题为"喀纳斯金色之旅",就采用这几个字作为网站 Logo 的中文文字内

图 2-3-9 旅游网站 Logo 设计效果图

容,再对应英文翻译,文字的字体采用非正式的很有文化和艺术感觉的艺术字体。并采用抽象的罗盘形状表示户外和旅游的含义,罗盘内嵌喀纳斯秋景照片呼应"喀纳斯金色之旅"的主题。整个标志色调上使用代表秋天的红色和黄色,搭配天蓝色和黑色,十分醒目(见图 2-3-9)。

(二)技术分析

使用工具:Fireworks CS6。

使用技术(表 2-3-1):

表 2-3-1　　　　　　　　　　任务采用的技术分析

序 号	技 术	难度系数
1	对象层叠顺序的操作	★★☆☆☆
2	对象的接合/拆分、联合、交集、打孔、裁剪	★★★★☆
3	使用菜单进行对象的变形操作	★★☆☆☆
4	位图的导入设置	★★★☆☆
5	蒙版的设置	★★★★★
6	为对象添加滤镜效果	★★★☆☆
7	辅助线的使用	★☆☆☆☆

(三)素材收集

既然是"喀纳斯金色之旅",素材中肯定少不了喀纳斯秋景的照片,另外还需要准备漂亮的特殊字体。照片和字体可以多准备一些,挑选效果最好的。

六、任务开展

1. 打开 FW,新建 Fireworks 文档

设置大小为 640×480 像素,分辨率使用默认值,将文档保存为"旅游网站 logo.png"。

2. 拖出两条辅助线,便于绘制操作

步骤:使用辅助线必须先显示标尺。①使用"视图 | 标尺"显示出标尺;②将鼠标放在横向标尺上,按住鼠标左键向下拖出横向辅助线,同理拖动出纵向辅助线,使它们相交于 200×200 像素处,如图 2-3-10 所示。

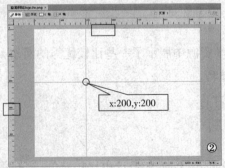

图 2-3-10 使用辅助线

3.绘制两个不同大小的同心圆

步骤:①以两条辅助线的焦点位置为中心,选择"椭圆"工具;②同时按住 Shift 键和 Alt 键拖动,绘制两个大小不等的无边框的同心圆(先绘制大圆,再绘制小圆)。两圆的直径和坐标如图 2-3-11 所示。如果绘制不够准确,可以通过【属性】面板进行调整。

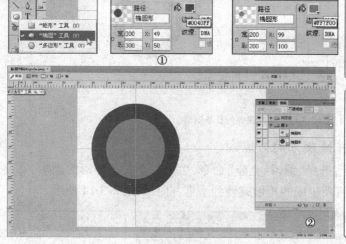

小提示:
绘制椭圆时按住Alt键将从圆心绘制,按住Shift将绘制正圆,同时按住Alt键和Shift键将从中心绘制正圆。

小知识:
在Fireworks中,先绘制的对象的层叠顺序位于下层,后绘制对象在上层。想修改对象的层叠顺序可以先选中对象,再使用:
·右键菜单"排列"里的命令;
·工具栏 图标;
·在【层】面板上拖动位置。

图 2-3-11　绘制两个不同大小的同心圆

4.将两个圆形修改为圆环状

步骤:同时选中两个同心圆,使用"修改|组合路径|打孔"命令,将两个圆变成一个空心圆环,如图 2-3-12 所示。

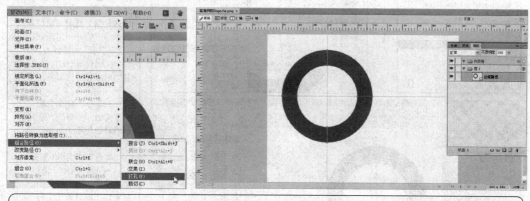

小提示:
FW中的接合、拆分、联合、交集、打孔、裁剪都有什么区别呢?例如现在有三个圆,先后顺序依次是红、黄、蓝,使用不同命令的结果如下:

原图	接合	联合	交集	打孔	裁切	组合
路径相互独立	路径部分镂空,颜色变为底层路径颜色。还可拆分,但不能恢复以前对象	将多个路径变成一个单一路径,以底层色为标准	取多个路径的重叠区域,以底层色为标准	上层路径打掉与下层路径的重叠部分,对象相互独立	顶层与其下所有层取交集,对象相互独立	所有对象只是"捆绑"在一起,可以使用"取消组合"将对象解锁

图 2-3-12　将两个圆形修改为圆环状

47

5. 绘制一个横向的长条矩形

步骤：使用"矩形"工具绘制一个很扁的长条矩形，矩形参数如图 2-3-13 所示。

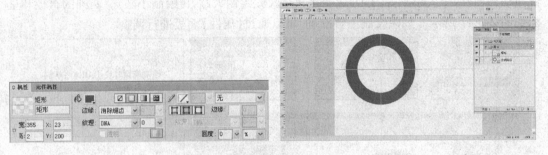

图 2-3-13　绘制横向的长条矩形

6. 复制横向长条矩形，并修改方向为纵向

步骤：①选中刚绘制的矩形，选择"编辑 | 克隆"命令，生成一个长条矩形的副本；②使用"修改 | 变形 | 顺时针旋转 90°"将新生成的矩形旋转到垂直方向，如图 2-3-14 所示。

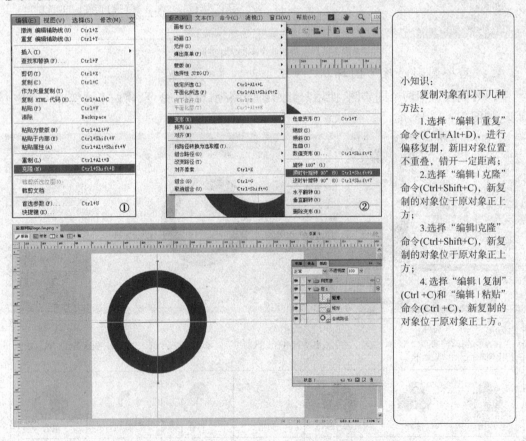

图 2-3-14　复制横向长条矩形，并修改方向为纵向

7. 使用两个长条矩形将圆环分割成四段

步骤：①同时选中两个长条矩形，选择"修改 | 组合路径 | 联合"将它们组合在一起；②同时选中组合后的长条矩形和圆环，选择"修改 | 组合路径 | 打孔"，此时画布中的圆环被截成四

段,如图2-3-15所示。

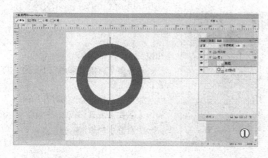 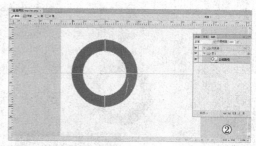

图2-3-15　使用两个长条矩形将圆环分割成四段

8.将圆环的四段分别填充上不同的颜色

步骤:虽然圆环已经被截断,但它们仍然是组合在一起的。①选择"修改|组合路径|拆分",原来的组合圆环成为四个独立的矢量形状;②选中单独的每个形状分别设置填充色为#FF0000(左上)、#000000(左下)、#0099CC(右上)、#FF9900(右下),如图2-3-16所示。

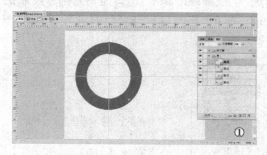 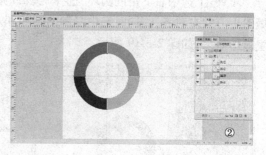

图2-3-16　将圆环的四段分别填充上不同的颜色

9.整体缩小绘制好的四段圆环尺寸

步骤:同时选中四段圆环,选择"修改|变形|数值变形",在弹出的"数值变形"对话框中"调整大小",设置宽高尺寸为236像素,如图2-3-17所示。

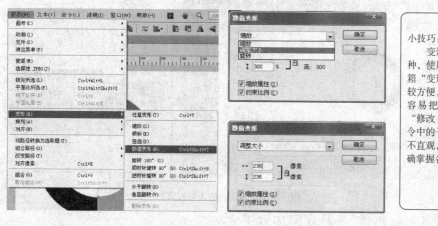

图2-3-17　整体缩小绘制好的四段圆环尺寸

10.制作Logo的底部矩形块雏形

步骤:使用"矩形"工具在画布空白处绘制一个400×116像素的无框矩形,颜色设置为

#FF0000,如图 2-3-18 所示。

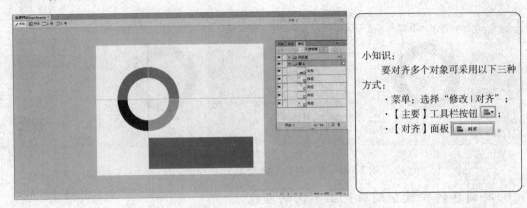

图 2-3-18　制作 Logo 的底部矩形块雏形

11. 制作矩形块上的弧形效果

步骤：①选中右下角的圆环，选择"编辑|克隆"生成圆环的副本，将其拖动到刚才绘制的矩形上方并左对齐；②同时选中复制的圆环和矩形，使用"修改|组合路径|打孔"，使矩形产生弧形效果，如图 2-3-19 所示。

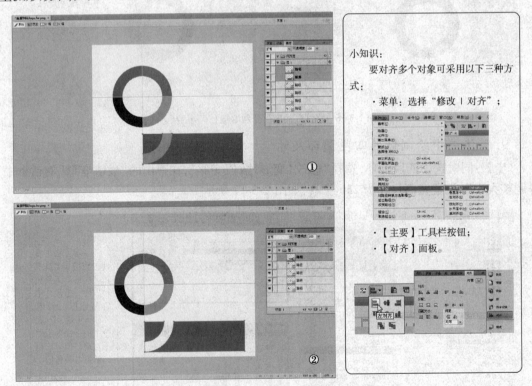

图 2-3-19　制作矩形块上的弧形效果

12. 修饰弧形矩形块，并衬在圆环右下方

步骤：①观察弧形矩形，已经被截成了两个形状，如果没有完全截断，可以使用工具箱中的"刀子"工具，在路径相连处拖动鼠标，把连接的路径割断；②删除弧形矩形左侧不需要的部分，将右面的形状移动到圆环的右下角，如图 2-3-20 所示。

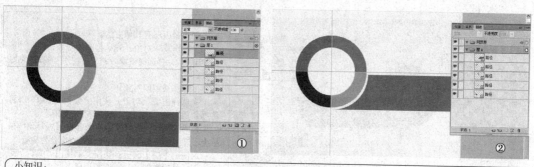

小知识：
"刀子"工具能够将一个路径切成两个或多个路径，前提是必须要先选定路径。

图 2-3-20　修饰弧形矩形块，并衬在圆环右下方

13. 绘制用于制作蒙版的圆形

步骤：选择"椭圆"工具，以辅助线的圆心为中心，按住 Alt 键和 Shift 键拖动绘制一个任意填充色、无边框的圆形，圆的大小为 148px，如图 2-3-21 所示。

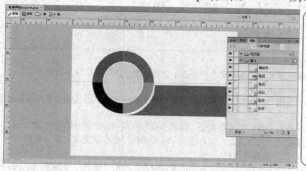

小知识：
"蒙版"实际上是一副 256 色灰度图像，必须与基本内容配合才能发挥作用。其中，蒙版中白色部分为透明区（即可以基本内容），黑色区域为不透明区域，而灰色区域为半透明区。

图 2-3-21　绘制用于制作蒙版的圆形

14. 导入蒙版使用的图片，调整至比圆形略大

步骤：①选择"文件|导入"，在弹出的"导入"对话框中选中预先准备好的图片，此时画布上出现一个"⌐"，在画布中点击，即可插入选中的图片；②调整图片大小，使其比刚才绘制的圆形略大，如图 2-3-22 所示。

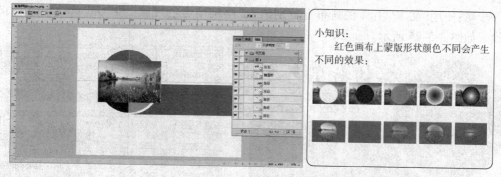

小知识：
红色画布上蒙版形状颜色不同会产生不同的效果：

图 2-3-22　导入蒙版使用的图片并调整大小

15. 制作图像蒙版效果

步骤：选中图像选择"编辑|剪切"（或按 Ctrl + X 组合键）将图片剪切，再选中圆形，选择"编辑|粘贴于内部"（或按 Ctrl + Shift + V 组合键），图片将出现在圆形内部，如图 2-3-23 所示。

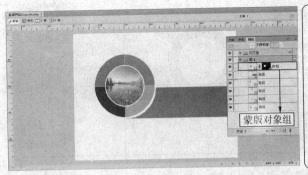

图 2-3-23　导入蒙版使用的图片并调整大小

16. 调整蒙版内图片的位置

步骤：①"指针"工具移动到画布中蒙版的上方时出现红色边框，点击左键即可选中蒙版，此时红框反蓝显示；②将光标移动到蒙版中间的"移动手柄"上，光标"由黑变白"，此时即可拖动蒙版内图片的位置使效果更好，如图 2-3-24 所示。

图 2-3-24　调整蒙版内图片的位置

17. 输入 Logo 文本

步骤：使用"文本"工具在画布上分别输入"喀纳斯金色之旅"和"Golden KANAS"。具体设置如图 2-3-25 所示。

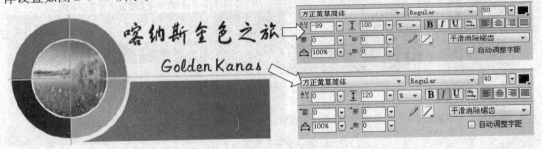

图 2-3-25　输入 Logo 文本

18. 绘制直线

步骤：①选择【工具】里的"直线"工具；②设置线条色为黑色，粗细为 1px；③在两段文字之间，按住 Shift 键绘制一条直线，并调整位置直到满意为止，如图 2-3-26 所示。

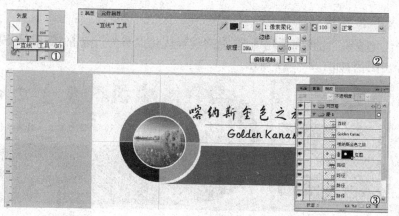

图 2-3-26 绘制直线

小技巧：
　　绘制直线的时候按住Shift键可以绘制水平、垂直及45度的直线。可以通过【属性】面板修改直线的各种参数。

19. 为文字和直线添加滤镜效果

步骤：①同时选中两段文字和直线，点击【属性】面板上的"添加动态滤镜或选择预设"按钮；②在弹出的窗口中修改参数达到想要的效果，也可以采用系统默认参数，如图2-3-27 所示。

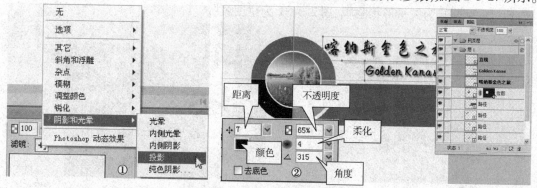

图 2-3-27　为文字和直线添加滤镜效果

20. 裁剪画布的多余部分

步骤：选择"修改|画布|符合画布"，文档按目前作品大小会自动设置好宽度和高度（图2-3-28）。

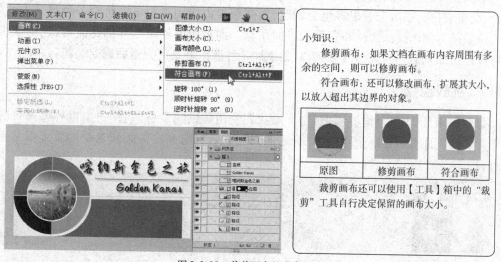

小知识：
　　修剪画布：如果文档在画布内容周围有多余的空间，则可以修剪画布。
　　符合画布：还可以修改画布，扩展其大小，以放入超出其边界的对象。

裁剪画布还可以使用【工具】箱中的"裁剪"工具自行决定保留的画布大小。

图 2-3-28　裁剪画布的多余部分

21. 保存、优化并导出图像

步骤：选择"文档优化按钮"比较和优化图像，最终选择优化设置为"jpg 格式，品质 60"。选择"文件I导出"，导出图像，如图 2-3-29 所示。

图 2-3-29　保存、优化并导出图像文件

七、拓展训练

蒙版技术是本章的重点知识，因此要多加练习。下面我们就小试牛刀，练习更多的蒙版技巧。图 2-3-30 为矢量形状蒙版，图 2-3-31 为位图蒙版。

图 2-3-30　矢量形状蒙版　　　　　　图 2-3-31　位图蒙版

八、任务小结

本次任务已经圆满完成，对 Fireworks 的认识更近一步了。多个对象之间的接合/拆分、联合、交集、打孔、裁剪会有很多组合情况，发挥想象力运用它们可以得到各种样式。此外，导入位图是为创作提供素材和资源的一大手段。而蒙版的使用远非如此简单，利用蒙版效果可以做出如梦似幻的画面效果，为对象添加各种滤镜更是可为画面锦上添花。

九、挑战自我

每年的 4 月 23 日是世界读书日，下面我们使用提供的素材，制作一个世界读书日的宣传图片。我们还可以做一个网站的"标题通栏"（包含标志和广告条），这是网页上很常见的组件（图 2-3-32）。

图 2-3-32　挑战自我 Logo

工作任务 4 网页效果图设计

 学习目标

1. 掌握网页版式和布局设计。
2. 掌握网页文字效果设计。
3. 掌握网页图像设计。
4. 网页视觉效果综合设计的创新。
5. 网页功能设计的创新。
6. 网页优化设计的创新。

一、开篇励志

"机会总是垂青有准备的人",学习无处不在,活到老学到老。网页设计师在业余时间要不断地给自己充电,提高专业技能和综合素质,将每一次任务都视为一个新的开始、一段新的体验、一扇通往成功的机会之门。

二、设计任务

今天我们接到的任务是为公司建立 10 周年制作一个纪念页面。它将出现在网站首页被打开的时候,并且区别于真正的主页。它只是一个封面式的网页,内容不多,点明主题即可。

三、设计知识

通常利用 Fireworks 制作整体网页一般有两种情况,一种是简单的封面式网页,另一种是网页效果图。封面式网页其实也可以视为网页效果图的一种。

(一)效果图简介

所谓网页的效果图是指使用绘图软件绘制网页中的对象,结合层分布技术制作出网页的仿真外观。在绘制网页效果图的过程中需要结合我们前面讲过的网站版式与布局设计相关知识,还要有网页色彩搭配相关的设计理念。

(二)切片的功能与作用

绘制效果图只是一方面,切割效果图是更重要的操作。切割网页(即"切片")是将整个网页效果图切割成小的图片,这样做有以下几个优点:

(1)化整为零

由于网页的主要载体是互联网,必须要考虑网页的下载速度。相对于下载大的对象,把对象分散成多个小对象,像蚂蚁搬家那样分散下载会快很多。

(2)优化

对于一个网页设计师来说,既要保证网页的美观又要保证它的下载速度。通过切片技术,对不同的图像进行不同的格式和质量优化,可加快下载速度。

（3）交互性

使用切片可以创建鼠标响应事件,如链接、特效等。

（4）更新

使用切片可以轻松快捷地更新网页中某一部分的图像,缩小因修改带来的影响范围。

（三）效果图设计要领

网页效果图制作是一个整体,可以从网页版式布局、页面设计、色彩搭配等几个方面考虑,这些内容可以参考本书项目一中所讲的内容。

如果是进站封面网页,一般会制作成大幅广告样式,内容不需要太多,文字和图像力求突出主题即可。

图 2-4-1 是两个网页效果图的样例。

图 2-4-1　网页效果图

四、案例赏析

图 2-4-2 列举了几个网页效果图案例,供大家赏析。

五、任务准备

（一）设计分析

今天的设计任务是做周年纪念的封面式网页,网页的主题即已确定。由于它只是作为一个封面式网页,所以内容不用过多,网页的尺寸定义为 1024×768px 分辨率的浏览器,满屏尺寸为 1007×600,网页的版式可以考虑"广字型";文字突出 10 周年的主题,醒目;图案搭配可以选择较喜庆的光芒和光晕等。

封面式网页关键是能一眼吸引浏览者的注意力,因此色彩搭配非常重要。为了迎合"10 周年纪念"的主题,我们选择中国人比较常用的喜庆颜色红色,再搭配以金黄色,以突显福运,并通过红色和金黄色不同明度、深浅的搭配达到更加丰富的庆贺效果。

设计效果图如图 2-4-3 所示。

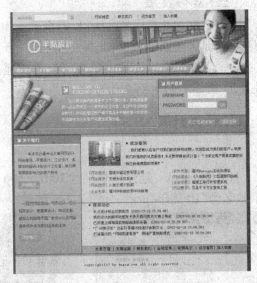

图 2-4-2　网页效果图案例欣赏

图 2-4-3　网页效果图

(二)技术分析

使用工具:Fireworks CS6。

使用技术(表2-4-1):

此次任务使用的技术分析　　　　　　　　　表2-4-1

序号	技术	难度
1	色彩的搭配技巧	★★☆☆☆
2	文字效果的高级应用	★★★★☆
3	滤镜的使用	★★★☆☆
4	钢笔工具绘制图形	★★★★☆
5	对象的组合和复制、变化	★★☆☆☆
6	图层的混合效果	★★★☆☆
7	辅助线的使用	★★☆☆☆
8	切片原则和技巧	★★★★★
9	使用Fireworks生成简单网页	★★★★☆

(三)素材收集

为了搭配如此喜庆的画面,我们找了一些辅助图片,如腾龙图案,既符合中国传统又有预祝公司龙腾虎跃的含义;此外,还找到一个风格接近的"首页"图片,以便让浏览者可以方便地打开公司主页(图2-4-4)。

shouye.gif

long.gif

图2-4-4　网页效果图

六、任务开展

1. 新建文档

打开Fireworks,新建一个尺寸1007×600像素、背景色#EC2623、其他参数默认值的文档,取名为"10周年.png",如图2-4-5所示。

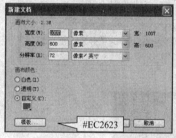

图2-4-5　新建文档并设置背景色

小技巧:
　　作品颜色要讲求变化,可以调节颜色亮度和饱和度丰富色彩。

2. 输入三段文字,并设置文字效果

步骤:①使用【工具】箱中的"文本"工具,在页面靠上的位置先输入"热烈庆祝",再依次输入"华宇机械有限公司成立"和"周年";②三段文字全部设置为"华文新魏"、黑色,字体大小分别为:60、45、45;③调整文字位置如图2-4-6所示,可以通过"对齐"面板对齐下面两段文字。

3. 为文字添加发光效果

步骤:①同时选中三段文字,点击属性栏上"滤镜添加"按钮,选择"阴影和光晕|光晕";②设置光晕参数和光晕效果,如图2-4-7所示。

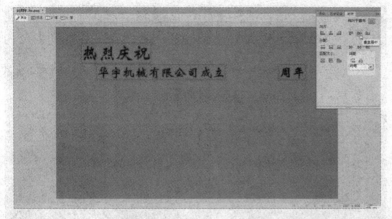

图 2-4-6 输入文字并设置文字效果

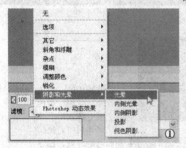 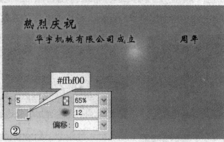

图 2-4-7 为文字添加发光效果

4. 添加卡通数字"10"

步骤：使用【工具】中的"文本"工具，在"华宇机械有限公司成立"和"周年"两段文字之间输入数字"10"。字体设置为"321impact"，字号120。文字效果如图2-4-8所示。

图 2-4-8 添加卡通数字"10"

5. 设置数字10的色彩填充效果

步骤：①选中数字"10"，在【属性】栏中选择颜色设置按钮，在弹出的设置框中点击"渐变填充"按钮；②在弹出的设置框中继续选择填充类别为"线性"，线性渐变的起始颜色分别为#FF8000 和#FFFF26。此时，画布中的数字"10"效果如图2-4-9所示。

6. 为数字"10"修改填充效果和滤镜效果

步骤：①选中数字"10"，改变渐变填充手柄的开始和结束位置，将原来的垂直填充改为斜向填充；②选中数字"10"，选择属性栏上的"滤镜"按钮，选择"斜角和浮雕"命令下的"凸起浮雕"，效果如图2-4-10所示。

59

图 2-4-9　设置数字 10 的色彩填充效果

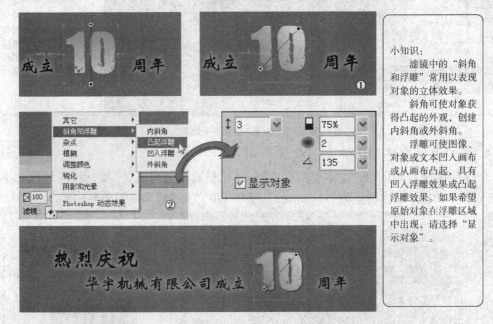

图 2-4-10　设置数字"10"的色彩填充效果

7. 修饰数字"10"的立体效果

步骤：①选中数字"10"，使用【工具】箱中的"扭曲"工具；②数字"10"周围出现变形控制点时，分别向左上方拖动左上角控制点，同理向右上角拖动右上角的控制点，使数字"10"产生倾向浏览者的立体感，如图 2-4-11 所示。

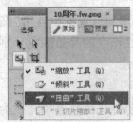

图 2-4-11　修饰数字"10"的立体效果

8. 制作融入背景的虚幻数字"10"

步骤：①将已经制作好的数字"10"复制一遍，在【层】面板中选中第二层上的"10"，移动到适当位置；②点击【属性】栏上的"滤镜"按钮，选择滤镜中的"模糊|高斯模糊"，慢慢调整模糊范围数值；③使用【工具】栏的"缩放"工具，适当放大对象，并移动对象位置，然后调整属性栏上不透明度值，如图2-4-12所示。

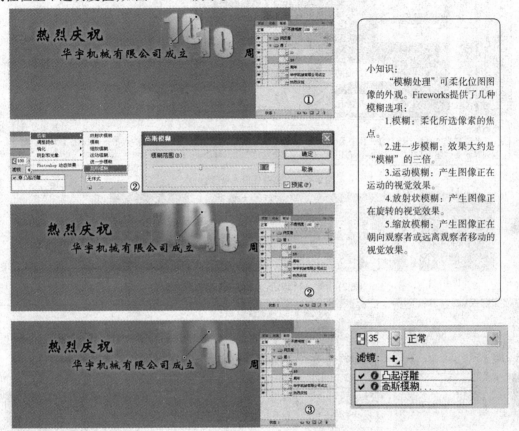

图2-4-12　制作融入背景的虚幻数字"10"

9. 绘制弧形光晕（焰火）

步骤：①使用【工具】里的"钢笔"工具；②在画布空白处点击后出现节点1；③向右侧少量位移，再次点击出现节点2，此时1与2之间是直线；④光标移向左斜上45°适当位置处按住左键拖动形成节点3，此时2与3之间是弧线；⑤光标回到节点3点击，此时节点3变成了尖角点（节点4）；⑥光标再移向节点1，按住左键拖动形成节点5，节点4与5之间为弧线。最终效果如图2-4-13所示。

10. 修饰弧形光晕的填充颜色透明度

步骤：①选中弧形形状，在【属性】栏设置填充为红色到黄色的线性渐变，出现填充控制柄后调整控制柄两端，将原来垂直方向填充修改为斜向填充；②设置光晕边缘羽化，羽化值为56，效果如图2-4-14所示。

11. 制作多样的焰火效果

步骤：①在【图层】面板底部点击"新建/重制层"；②双击新增的"层2"，重命名为"焰火"，并将其移动到"层1"下面；③将刚才绘制的弧形形状拖入层中，且多次复制弧形光晕，进行各种变换(大小、角度、填充颜色和角度、羽化值),组成丰富多彩的烟火效果,如图2-4-15所示。

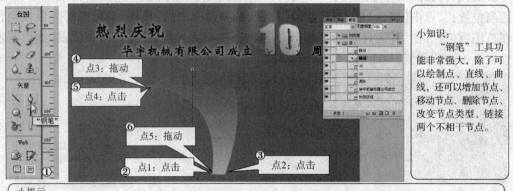

图 2-4-13　绘制弧形光晕(焰火)

图 2-4-14　修饰弧形光晕的填充颜色透明度

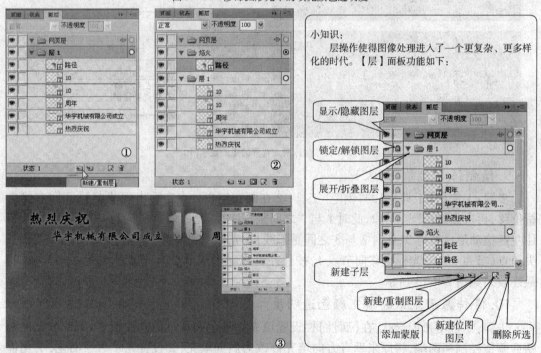

图 2-4-15　制作多样的焰火效果

12. 制作圆形光晕

步骤:使用【工具】中的"椭圆"工具,沿用弧形光晕的渐变效果,在"焰火"层绘制一个正圆,如图2-4-16所示。绘制完成后,将圆形光晕拖动到画布左上角位置。

图 2-4-16 制作多样的焰火效果

小技巧：
设计中不光要虚实结合，还要讲求变化。本例中可以运用大小的缩放、角度的旋转、渐变色的细微变化、疏密组合、虚实结合等变化手段到达丰富变幻的效果。

13. 导入四角的"腾龙"图案

步骤：①新建层"图案"，使用"文件|导入"，在弹出的"导出"对话框中找到"教材光盘资料\项目2\工作任务 3\05 任务准备\long.gif"，导入"long.gif"。将此图片复制三份，分别拖动到其他画布角上；②选中右侧两个图案，使用"修改|变形|水平翻转"，此时图案左右翻转，龙头朝内，如图 2-4-17 所示。

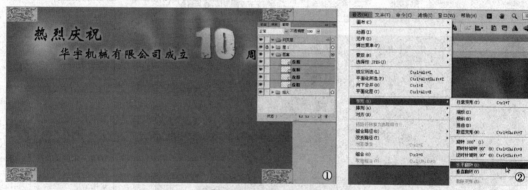

图 2-4-17 导入四角的"腾龙"图案

14. 修改腾龙图案的方向和图层的混合效果

步骤：先选中左上角的腾龙图案，在【属性】栏上的"混合模式"中选择"变暗"，此时腾龙图案与背景完美融合，如图 2-4-18 所示。

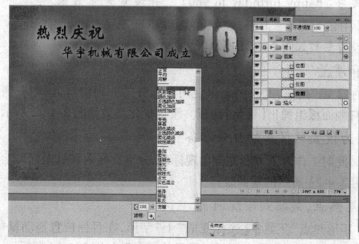

小知识：
"图层混合模式"是指一个图层与其下图层的色彩叠加方式。在这之前我们所使用的是"正常"模式，除此之外还有很多种混合模式，可以产生迥异的合成效果。就网页设计来说，图层混合模式使用的机会并不多，用的时候多尝试，试到满意效果就行。

图 2-4-18 修改腾龙图案的方向和图层的混合效果

15. 插入"首页"图片,并设置融合效果(光晕)

步骤:导入配套网上教学资源"教材光盘资料\项目2\工作任务3\05 任务准备\shouye.gif",并在【属性】栏的"滤镜"按钮中添加"阴影和光晕"的"光晕",设置参数如图2-4-19所示。

图 2-4-19 插入"首页"图片,并设置融合效果

16. 在页面左侧添加竖向文字"殷殷贺词",并设置效果

步骤:①在【图层】面板选中"层1",使用【工具】箱中的"文本"工具,在画布中输入文字"殷殷贺词";②为文字添加"光晕"和"内斜角"两种滤镜,设置参数如图2-4-20所示。

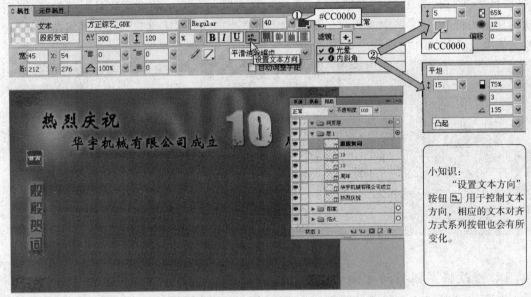

图 2-4-20 添加竖向文字"殷殷贺词"效果

小知识:
"设置文本方向"按钮 用于控制文本方向,相应的文本对齐方式系列按钮也会有所变化。

17. 在页面底端添加文字"happy birthday to you!",并设置光晕效果

步骤:①使用"工具箱"中的"文本"工具,在画布底部中间输入"Happy birthday to you!";②添加"光晕"滤镜,设置参数如图2-4-21所示。

18. 优化图片的尺寸和质量

步骤:单击文档窗口上的"2幅"按钮,此时画布出现两个拆分的并列窗口,选中右侧窗口,然后选择"窗口|优化",右侧面板组弹出【优化】面板。设置优化参数如图2-4-22所示。

19. 设置页面辅助线,为设置热区和切片做准备

步骤:选择"视图|标尺",此时工作区上方和左侧出现标尺,分别在横向和纵向标尺上按住鼠标向画布拖动,形成如图2-4-23所示的辅助线。

20. 为"首页"图片设置热点,链接到学院网页

步骤:①选择【工具】中"矩形热点"工具;②光标变成"十"字形,在目标位置拖动鼠标,画布相应位置出现一个淡蓝色的矩形区域;③在属性栏设置热点参数如图2-4-24所示。

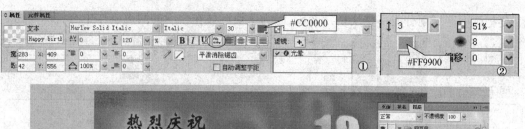

图 2-4-21　添加文字"happy birthday to you!"并设置光晕效果

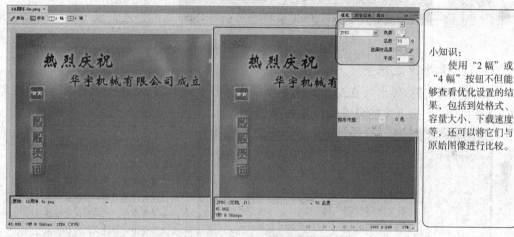

图 2-4-22　优化图片的尺寸和质量

小知识：

使用"2幅"或"4幅"按钮不但能够查看优化设置的结果，包括到处格式、容量大小、下载速度等，还可以将它们与原始图像进行比较。

图 2-4-23　设置页面辅助线

小技巧：

辅助线的设置直接影响到切片的布置，因此，设置辅助线和切片的时候要把握一个规律和一个技巧。规律：为了生成网页的规范性，切片最好"横平竖直"。技巧：在切片大小和设计方便之间选一个中间点。切片尺寸越小，打开网页速度越快，但制作起来麻烦。

21．沿辅助线绘制切片

步骤：选择【工具】中的"切片"工具，此时光标变成十字形状，从画布左上角开始沿画布拖动，直到出现绿色的矩形。按此方法将画布中所有切片绘制出来，如图 2-4-25 所示。注意,要把画框区域划分成一整块切片区域,因为这块区域在今后的网页制作中有特殊用途。

小知识:
在【属性】中设置热点的属性,其中"替代":是光标经过图像时或图片无法显示时出现的文字提示;而"目标"是指网页超链接的打开方式,最常用的是"_blank"和"_self"。"_blank"会打开一个新的浏览器窗口,有助于新旧网页的对比和重新引用;"_self"网页将在当前浏览器窗口替代旧网页代开,可以节约浏览器资源,避免弹出过多窗口。

图 2-4-24 优化图片的尺寸和质量

图 2-4-25 优化图片的尺寸和质量

22. 将图像导出成网页

步骤:选择"文件|导出",在"导出"对话框中将路径指向 E 盘,新建一个名为"web"的文件夹,选中"web"。接下来的设置如图 2-4-26 所示。

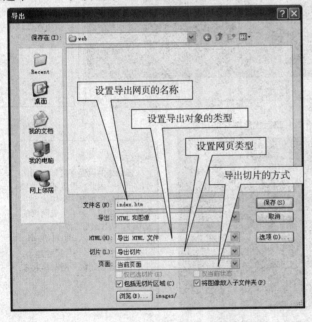

图 2-4-26 优化图片的尺寸和质量

23. 查看网页文件夹

步骤:①按刚才设定的网页保存路径打开电脑资源管理器的相应文件夹,查看网页文件保存情况。发现文件夹里有一个"images"文件夹和一个"index.htm"网页文件;②打开

"images"文件夹,查阅文件夹里被切片后的小图片尺寸和大小,如图2-4-27所示。

> **小知识:**
> 查看"iamges"里图片的尺寸和大小,再回想切片操作,很容易理解什么叫"化整为零"。也可以理解网页的下载过程实际上就是网页小图片下载和显示的过程。

图2-4-27　查看网页文件夹

24. 在浏览器中预览网页效果

步骤:浏览网页可以在浏览器中直接输入网址,也可以在资源管理器中选择网页文件直接点击,还可以在 Fireworks 中按 F12 键直接浏览网页。图 2-4-28 是在浏览器预览 10 周年纪念页面的效果。

> **小提示:**
> 利用Fireworks产生网页虽然方便,但却并不十分规范。如果利用Dreamweaver查看网页,会发现网页所有内容都在一个表格中。网页下载是以表格为单位的,因此,表格过大会影响网页下载速度。正确的做法是,不厌其烦地将网页分成多个纵向表格。

图2-4-28　在浏览器中预览网页效果

七、拓展训练

Fireworks 在图像处理方面虽然没有 Photoshop 效果更炫目,但它的好处就是基本上所有的设计操作都可以重修修改和反复利用。这一点尤其对网页初学者尤其有用。

下面我们再提供两个简单点的网页效果图(图2-4-29),让大家小试牛刀。

图2-4-29　简单封面式网页效果图

这两个网页都是简单封面式网页,制作起来比较简单。其中第二个网页制作起来需要稍微多点技巧。

八、任务小结

本次任务是我们目前学习成果的综合演练。要注意的是,网页设计并不单靠技术,还必须有相关的设计知识。设计知识是无限的,必须靠平时积累和不断向前辈、同行们学习。

此外,Fireworks 的图像设计能力虽然没有 Photoshop 那么强大和绚烂,但是对于初涉网页设计行业的新人来说更为简单和快捷。它还有一个非常好的优点,就是在设计过程中对象的设置、修改和复制的重用非常方便。相对于高高在上的 Photoshop 来说,这一点是非常难能可贵的。

九、挑战自我

前面我们都练习的是比较简单的网页效果图。真实情况是,封面式网页毕竟是少数,大部分网页还是信息量比较大的复杂网页。不过,复杂网页也就是耐心地把我们掌握的技术多次应用于网页设计罢了。图 2-4-30 ~ 图 2-4-32 是一个网站中的几个网页效果实例。

图 2-4-30　网页首页效果图

图 2-4-31　网页栏目页效果图

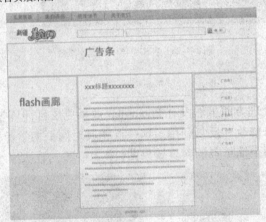

图 2-4-32　网站内容页效果图

项目3 网页设计师的进阶

工作任务1 网站动画形象设计

 学习目标

1. 了解 Flash 的特点。
2. 了解 Flash 的用途。
3. 理解 Flash 的基本术语。
4. 掌握 Flash 的基本操作。
5. 掌握 Flash 绘图技巧的使用。
6. 动画形象的设计技巧创新。

一、开篇励志

"形象就是宣传,形象就是效益,形象就是服务,形象就是生命。"让我们振作精神,创建让人过目不忘的动画形象吧!

二、设计任务

今天接到的任务是做一张 Flash 贴图,没有什么商业目的,就是锻炼一下 Flash 的绘图技巧和艺术表现力。

三、设计知识

(一)初识 Flash

1. Flash 简介

Flash 是目前最流行的动画制作软件(当然,主要还是二维动画,虽然在 CS6 版本中加入了一些三维动画制作功能)。从问世以来,Flash 就以其功能强大、简单易学、操作方便、生成文件小、适合网络传播、交互性强等优点备受大众推崇。

Flash CS6 是目前 Flash 的最新版本,也是从原 Macromedia 网页三剑客发展而来,是目前 Adobe Creative Suite 集合中的一员。

2. Flash 的特点

(1)矢量图形模式

与位图相比,矢量图有一个很大的优点,就是不受分辨率的影响,放大后不失真。因此,基于矢量图形的 Flash 动画尺寸可以随意调整缩放,而不会影响图形文件的大小和质量,并且只要用很少的向量数据就可以描述一个复杂对象,使得制作的动画尺寸很小。正是这一特性使 Flash 风靡 Web 世界,并在更多领域得到广泛的应用。

(2)元件的使用

在 Fireworks 中我们已经简单地接触过了元件,在 Flash 中元件的使用更加"登峰造极",甚至是被大量的重复使用和修饰。这样有两个好处,一是可以大大缩小动画的文件大小,使其更便于网络传载;二是大大减轻了设计人员制作和修改的工作量,通过修改元件,可以快捷地修改动画,提高了工作效率。

(3)"流媒体"技术

"流媒体"允许用户在媒体全部下载完之前,可以播放已下载完的部分。这样浏览者就不必等媒体全部下载完,而是可以边下载边播放,缓解了浏览者等待中的不耐烦心情,从而吸引住浏览者。

(4)多平台支持动画

无论用户使用何种播放器或者操作系统,都可以通过安装具有 Flash Player 插件的网页浏览器观看 Flash 作品。

除了以上几大优点,Flash 还具有强大的图形绘制功能、灵巧的声音编辑模式,以及与其他软件很好的兼容等优点。新版的 Flash CS6 还增加了很多新功能,比如复杂的视频工具的加入、更加丰富的绘图功能、更加强大的动画制作功能、增强的编程 Action、与其他 Abole 软件更好的集成等。

3. Flash 的用途

鉴于 Flash 的众多优点,Flash 在绘制矢量图、动画制作、游戏设计、Web 应用程序开发等方面都大显身手,被越来越广泛地应用于个性展示、广告宣传、多媒体演示、教学课件制作、游戏制作等领域。

4. Flash 的操作界面

启动 Flash CS6,进入系统的主窗口(图 3-1-1)。在文档没有打开时,面板和菜单大部分都是不可用状态,只有一个"开始"页面。Flash CS6 和其他 Adobe Creative Suite 成员一样具有界面一致性,同样借助直观的面板停靠和弹出式行为提高工作效率,让网页设计师们的设计习惯可以延续。但是作为老版本的网页三剑客设计师们,会发现新版本 Flash 面板都"易位"了,会有些不习惯。

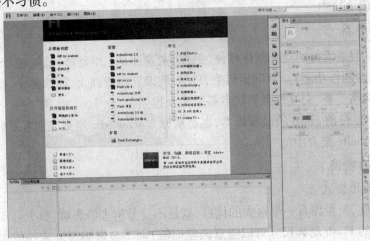

图 3-1-1 Flash CS6 的主窗口

当创建或打开 Flash CS6 文档后,菜单和面板就变成可用状态了。Flash CS6 的操作界面如图 3-1-2 所示。

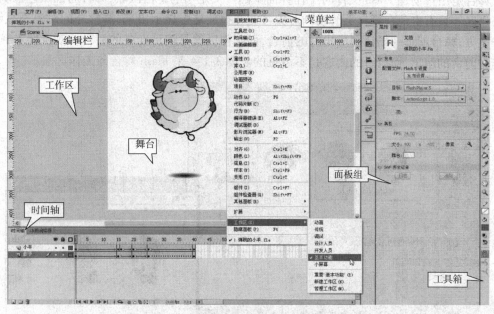

图 3-1-2　Flash CS6 的操作界面

可以通过点击"窗口"菜单下相应工具栏(面板)名称显示或隐藏工具栏或某个面板。如果想改变整个 Flash CS6 的工作界面,可以选择"窗口|工作区"下相应的选项。Flash CS6 提供了动画、传统、调试、设计人员、开发人员、基本功能几个选项,最基本的界面是"基本功能",也可以借此快速地回复工作区状态。

5. 工具(栏/箱)的介绍

Flash CS6 提供了多种工具,可以绘图、上色和选择、修改插图,还可以更改舞台的视图方式。与 Flash 之前的版本都不同,CS6 版将工具栏从传统的左侧放在右侧,缩短了光标移动的距离,但却不太符合已经约定俗成的使用习惯。不过我们可以通过上面刚讲过的方法更改工作区的排布,也可以单独拖动工具栏的标题栏,将其拖动到工作区左侧或任何位置停靠。

一般我们将工具栏分为四个区域:"工具"区域、"查看"区域、"颜色"区域和"选项"区域(图 3-1-3)。其中,"选项"区域会随着我们选取的工具的不同而相应地出现该工具的选项。

(二)Flash 常用术语

Flash 作品通常被称为 Flash 动画,也简称 Flash,或者称作影片、电影。Flash 设计所需要的设计知识在前面已经接触了一些,比如位图和矢量图的概念等。下面我们介绍一下 Flash 中特有的一些术语:

图 3-1-3　Flash CS6 的【工具】面板

1. 舞台和工作区

舞台是用户创建 Flash 文件时工作界面中的一块矩形的空白区域，舞台周围灰色区域就是工作区。只有出现在舞台上的动画对象才能在播放器中显示出来，舞台外的对象不显示。打个比方，舞台就是一场话剧演出时的前台，而工作区就是演员准备的后台。观众能看到的只能是前台的演出，而后台的内容是不可见的。图 3-1-4 是 Flash 舞台与工作区演示。

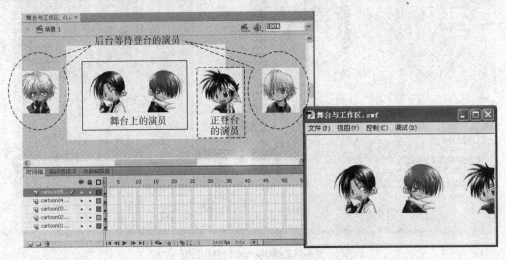

图 3-1-4　Flash CS6 的舞台与工作区演示

2. 帧

帧，就类似电影胶片中的一幅幅画面。和电影的原理一样，Flash 动画也是利用多幅画面连续快速播放在人眼中形成的视觉暂留使画面产生运动感。在 Flash 中每一幅画面叫做一帧（图 3-1-5）。

图 3-1-5　一个 Flash 动画帧的示例

可以联系前几章我们学习过的 Fireworks 中状态的概念，实际上一个状态就相当于 Flash 中的一帧。

3. 图层

Flash 的图层和 Fireworks 中的图层功能相似，操作也基本一致，这里就不多说了。请大家参考项目 2 的相关内容。

4. 帧频

帧频是动画播放的速度，以每秒播放的帧数为量度单位(fps)。帧频太慢会使动画看起来不连续，帧频太快会使动画的细节变得模糊。在网页上，12fps 的帧频通常会得到最佳的效果。QuickTime 和 AVI 影片通常的帧频就是 12fps。标准的运动图像速率是 24fps。

5.时间轴

时间轴用于组织和控制文档内容在一定时间内摆放的图层数和帧数(图 3-1-6)。Flash 通过图层和帧的二维组合形成了时间和内容上的组合,从而实现动画的制作与播放。图层就像堆叠在一起的多张幻灯片胶片一样,每个图层都包含一个显示在舞台中的不同图像。

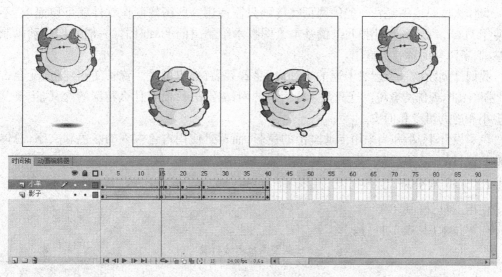

图 3-1-6　Flash CS6 的时间轴演示

四、案例赏析

本书配套网上教学资源中有几个典型的动画形象供大家分析和学习(图 3-1-7)。

图 3-1-7　经典的动画形象设计

五、任务准备

（一）设计分析

在制作动画之前，还要先打好 Flash 动画中的绘图基础。我们要做的是一个简单的 Flash 动画底图。

为什么说是底图呢？一般的网页宣传画只需使用一些图像制作软件就可以完成，不需要使用 Flash。而我们使用 Flash 的基本绘图技术绘制出的 Flash 图像一般是作为动画制作的基础，所以暂时称它为底图。

我们计划绘制一个超级卡通的小和尚，身着袈裟，俏皮可爱。背景使用纯色，配合古典的"佛"字，体现佛的意境。这只是一幅简单的网站招贴画，没有什么特深的含义，主要就是体现小和尚的可爱和俏皮。

色彩设计上，小和尚采用卡通鲜艳的色彩，而背景使用古色古香的颜色和文字，总体上是赏心悦目的。

（二）技术分析

使用工具：Flash CS6。

使用技术（见表3-1-1）。

任务使用技术分析表　　　　　　　　　　　　　　　表3-1-1

序　号	技　　术	难度系数
1	使用选择工具修改矢量图形的外观	★★★☆☆
2	图层的使用和管理技巧	★★☆☆☆
3	矢量对象的绘制与修改	★★☆☆☆
4	基本颜色的设置	★★★★☆
5	矢量对象的组合与切割技巧	★★★☆☆
6	文本工具的使用	★★★☆☆
7	Flash 的保存与导出	★☆☆☆☆

（三）素材搜集

我们今天要绘制一个小和尚的 Flash 图像，因此要先查看一下和尚真正的装束，毕竟艺术是来自于现实的。图 3-1-8 是现实中的小和尚照片和卡通小和尚的效果图。

图 3-1-8　经典的动画形象设计

六、任务开展

1. 打开 Flash，新建画布

步骤：选择"文件|新建"，在弹出的"新建文档"对话框中确定类型为"ActionScript 3.0"，设置 Flash 文档的尺寸为 550×400 像素、帧频为 24fps、背景颜色为#D2DAC2，其他参数为默认值。将文档保存为"小和尚.fla"，如图 3-1-9 所示。

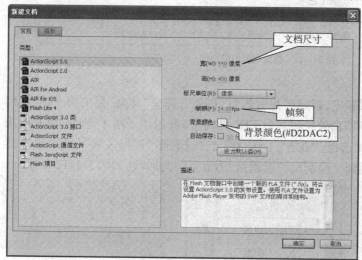

图 3-1-9 新建 Flash 画布

2. 绘制小和尚的脸

步骤：①在【工具】栏中选择"椭圆"工具，然后在【属性】栏中设置属性，其中：轮廓色为#E9CC9C，填充色为#F5EAD3，笔触为 4；②在画布中拖动鼠标绘制出一个椭圆；③在界面底部的【时间轴】面板上将已经默认存在的"图层 1"名称修改为"脸"（如图 3-1-10 所示）。

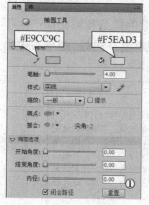
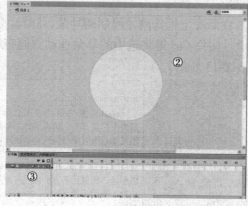

图 3-1-10 绘制小和尚的脸

3. 修改和尚的脸形

步骤：①使用"选择"工具，将光标移动到椭圆形状的左下方，当鼠标右下角出现一个小圆弧时，按住鼠标左键向外拖动，直到预览曲线达到预期目标即可松开鼠标左键，此时椭圆向左下方突出；②左脸修改完成，同理修改小和尚的右脸，尽量修改得对称些。③最终得到小和尚的"圆圆脸"，效果如图 3-1-11 所示。

75

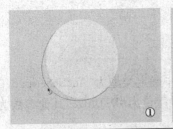  

> 小提示：
> Flash 中的"选择"工具和 Fireworks 中的"指针"工具外形和功能基本相同，都具有指向、选择、移动、配合功能键复制的功能。但 Flash 中的"选择"工具还有一个特殊功能，就是修改矢量对象的外形。

图 3-1-11　修改和尚的脸形

4. 绘制小和尚的耳朵

步骤：①将小和尚的"脸"层锁定，新建层并命名为"耳朵"，选择"耳朵"层的第一帧，使用【工具】中的"椭圆"工具，在画布空白处绘制一个正圆，此时 Flash 沿用了刚才脸的颜色和线条属性，因此不用重新设置参数；②选择"铅笔"工具，在【工具】底部"其他区域"设置"铅笔模式"为"平滑"，在刚才绘制的椭圆上绘制出一道圆弧，形成耳朵的形状（如图 3-1-12 所示）。

 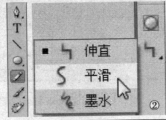 

> 小知识：
> 使用"铅笔"可以绘制各种线条，但通常不够规范。铅笔的模式有三种："伸直"将绘制出的笔触修整为规则的形状；"平滑"对有锯齿的笔触进行平滑处理；"墨水"更接近手绘的真实笔触。

图 3-1-12　绘制小和尚的耳朵

5. 复制出另一只耳朵

步骤：使用"选择"工具在画布上框选刚才绘制的耳朵，此时耳朵的线条和填充都产生了黑色的点状，证明已被选中。按住 Ctrl 键将选中的耳朵拖动到画布右侧空白处，画布右侧出现一只复制的耳朵（如图 3-1-13 所示）。

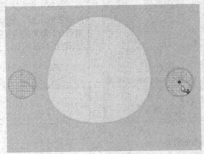

> 小知识：
> Flash 中的"选择"工具选择矢量图形时其实选择的是两个对象，一个填充，另一个是笔触。如果单纯地使用鼠标点击对象只能选中笔触或填充，使用"框选"操作可以同时将笔触和填充选中。使用"选择"工具拖动对象时对象中间会出现一个空心的黑色圆圈，代表对象的中心，而鼠标下方会出现一个黑色的十字形，这代表正处于复制操作。

图 3-1-13　复制出另一只耳朵放在合适的位置

6. 将右侧耳朵翻转，并移动到合适位置

步骤：①选择右侧耳朵，使用"修改|变形|水平翻转"将右耳水平翻转；②呈现与左耳对称状态；③调整两只耳朵的位置（注意，最好使用"框选"方法选择对象）；④将"耳朵"层拖动到"脸"左右方（如图 3-1-14 所示）。

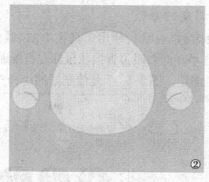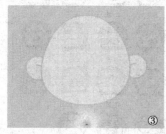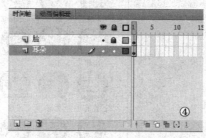

图 3-1-14　将右侧耳朵翻转并移动到合适位置

7. 绘制小和尚左侧明亮的眼睛

步骤：①在"脸"层上面新建一层并命名为"左眼"，使用【工具】中的"椭圆"工具，设置线条色为无色，填充为黑色；②在小和尚脸左侧位置按住鼠标左键绘制一个椭圆（如图 3-1-15 所示）。

图 3-1-15　绘制小和尚左侧明亮的眼睛

8. 绘制左眼的反光点

步骤：使用工具箱里的"刷子工具"，并在工具箱底部设置刷子的颜色为白色，选择刷子的大小和形状。在左眼的左上角部位点击一下，左眼的反光点就做好了（如图 3-1-16 所示）。

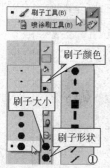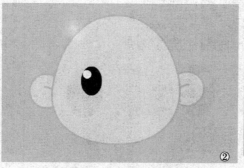

图 3-1-16　绘制左眼的反光点

9. 绘制小和尚右侧调皮的眼睛

步骤：①新建图层并命名为"右眼"，使用工具箱中的"线条"工具，设置线条属性：笔触颜色为黑色，粗细为4；②在小和尚右眼位置按住鼠标左键绘制出三条线段，形成眨眼睛的动漫效果。分别锁定左、右眼图层。图3-1-17是绘制好的小和尚调皮右眼的效果。

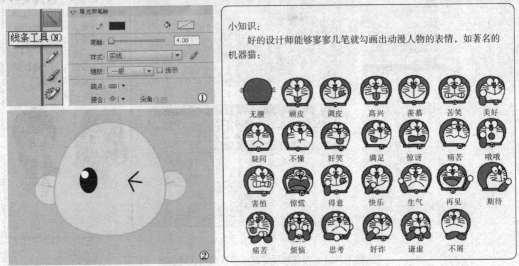

图 3-1-17　绘制小和尚右侧调皮的眼睛

10. 制作脸颊的红晕

步骤：新建"红晕"图层，选择工具箱里的"椭圆"工具，①在【颜色】面板设置颜色类型为"径向渐变"（即放射状渐变），左右色块颜色都为#FF9999，右色块透明度调整为0，形成了一个颜色不变、透明度渐变的效果；②在小和尚的左脸位置按住Shift键拖拽，绘制一个正圆；③使用"自由变形"工具将椭圆压扁；④此时椭圆成为红晕。结果如图3-1-18所示。

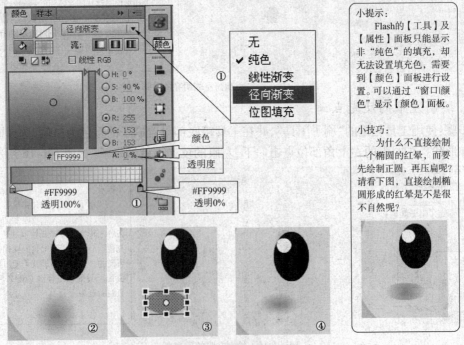

图 3-1-18　制作两颊的红晕

11. 复制出右侧脸颊的红晕

步骤：同小和尚左右耳朵的复制方法一样，复制出右侧的红晕，拖动到右侧，并调整好位置，形成了健康可爱的红晕，并将"红晕"层锁定（如图3-1-19所示）。

 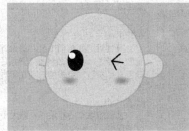

小技巧：
很多时候都可以在画布边上进行"草稿式绘画"，绘制的时候还要注意分层，并配合"缩放工具"。

图3-1-19　制作两颊的红晕

12. 绘制小和尚微笑的嘴

步骤：①新建图层"嘴"，在【工具】中选择"直线"工具，属性设置如图3-1-20所示；②在小和尚嘴的位置绘制一条直线；③使用"选择工具"，按住鼠标左键；④将嘴形拖成弯的，与前面改变小和尚脸形的办法一样。最终效果如图3-1-20所示。

图3-1-20　绘制小和尚微笑的嘴

13. 绘制小和尚吐出的舌头

步骤：①保持线条色不变，在画布空白处使用"椭圆"工具绘制一个空心椭圆，再使用"线条"工具做出舌头的初始形状；②使用"选择"工具将中间的线条向左稍微拖弯；③使用"任意"变形工具将绘制好的形状进行缩小和旋转，拖动到刚才已经绘制的曲线上，此时线条产生了隔断；④将嘴上面的线条逐个删除（按键盘上的Delete键）。最终效果如图3-1-21所示。

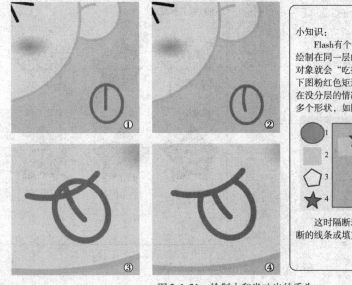

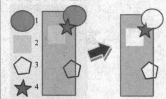

小知识：
Flash有个很有意思的特点，只要是绘制在同一层的线条或填充，后绘制的对象就会"吃掉"前面绘制的对象。如下图粉红色矩形是最早绘制的，接下来在没分层的情况下按编号顺序连续绘制多个形状，如图左所示；

这时隔断现象出现，可以删除被隔断的线条或填充，达到右侧图片的效果。

图3-1-21　绘制小和尚吐出的舌头

14. 为小和尚的舌头填充颜色

步骤：使用"颜料桶"工具，设置比"笔触颜色"浅一点的填充颜色"#FF9999"为小和尚的舌头填充颜色，如图 3-1-22 所示。

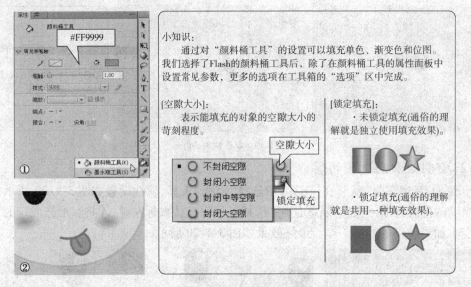

图 3-1-22　为小和尚的舌头填充颜色

15. 绘制小和尚头顶的戒疤

步骤：新建图层，命名为"戒疤"。选择【工具】箱里的"刷子"工具，在【属性】栏设置填充颜色和小和尚脸的轮廓颜色一样，在小和尚的头顶连续点击，就可以画出"戒疤"，如图 3-1-23 所示。

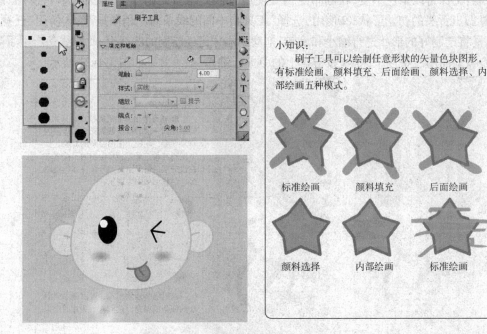

图 3-1-23　绘制小和尚头顶的戒疤

16. 调整小和尚五官的位置,达到最和谐最可爱

步骤:将图层逐个解锁,点击对应图层的名称即选中了该层中的对象,再使用"选择"工具拖动对象到合适位置,或按键盘上的方向键微调,使小和尚的五官位置更加协调。时间轴状态如图3-1-24所示。

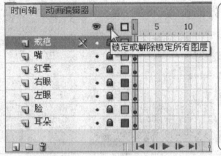

小提示:
"时间轴"面板上"眼睛"图标代表"显示或隐藏所有图层",而"小锁"则代表"锁定或解除锁定所有图层"。绘制的时候还是要注意分层,不同的对象要在不同的图层中进行绘制,防止它们互相影响,也给今后修改留下余地。完成一个图层的绘制后立即将其锁定。

图3-1-24 时间轴状态

17. 给小和尚画上简易版的袈裟

步骤:新建图层"袈裟",选择工具箱"矩形"工具。①打开【颜色】面板,设置矩形工具属性;②再回到"属性"面板设置笔触的粗细;③在画布上绘制一个矩形(如图3-1-25所示)。

图3-1-25 给和尚画上简易版的袈裟

18. 修改小和尚袈裟渐变色

步骤:①选择【工具】中的"渐变"变形工具,在矩形的填充上点击,矩形出现了"填充控制点";②将光标移动到矩形的右上角,按住鼠标左键向左拖动、旋转,直到渐变变成上浅下深的纵向填充,放开鼠标。渐变色效果如图3-1-26所示。

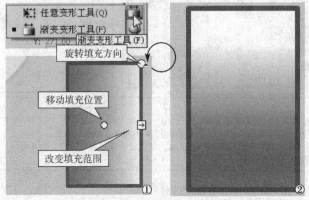

小知识:
Flash中变形工具有两种:
1.任意变形工具:用于更改对象的外观形状,具体操作有旋转、倾斜、缩放、翻转。此工具与Fireworks中的"缩放工具"作用和用法是一样的。
2.渐变变形工具:用于改变对象的内部填充,具体操作有旋转填充方向、移动填充位置、填充范围。

图3-1-26 修改小和尚袈裟渐变色

19. 修改小和尚袈裟形状

步骤：①选择【工具】里的"部分选取"工具；②将光标移向矩形的右下角，此时光标右下角出现一个空心圆圈，按住鼠标向右拖动，矩形变成了直角梯形；③使用同样的方法拖动左下角的节点；④使用工具箱的"选择工具"，将梯形的两侧边拖成曲线；⑤将"袈裟"图层拖动至所有层的下方，并移动到小和尚的脑袋下方的位置，得到如图 3-1-27 所示效果。

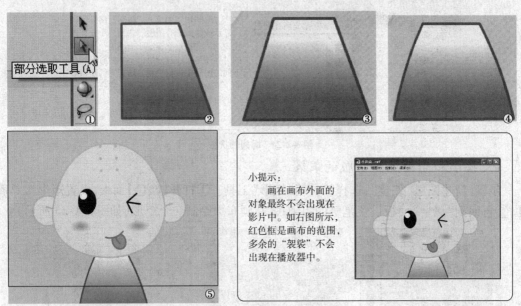

图 3-1-27　修改小和尚袈裟形状

20. 添加背景文字"佛"

步骤：①新建图层"佛"，选择【工具】中的"文本"工具，在【属性】栏设置文字属性；②在场景上输入文字"佛"，使用"选择"工具在场景中选中刚才输入的"佛"字，按住 Ctrl 键的同时拖动复制文字多遍，再使用"任意变形"工具对文字进行缩放。背景文字"佛"效果如图3-1-28所示。

图 3-1-28　添加背景文字"佛"

21. 修饰文字背景

步骤:逐个选中文字,分别更改【颜色】面版中的透明度值,并把整个"佛"层移动至所有图层下面,如图3-1-29所示。

小技巧:
图像设计与绘画都讲究"错落有致"。在制作中,"佛"与装饰用的点可以采用改变大小、角度、透明度等方式使背景灵活不呆板。

图3-1-29 修饰文字背景

22. 保存源文件,导出播放器格式文件

步骤:①选择"文件|保存"保存源文件;②选择"文件|导出|导出影片",影片类型为"SWF影片(.swf)",将文件保存到目标位置即可(如图3-1-30所示)。

小技巧:
在制作过程中可以按键盘上的"Ctrl+Enter",在SWF播放器中预览动画制作的情况。这时会有一个"swf"文件诞生,就在动画源文件保存的文件夹中。也就是说可以不必特意导出Flash,只要预览即可,因为已经保存过了。

小知识:
1.保存:保存为".fla"格式的源文件;
2.导出:只是把Flash影片里的某一部分提取出来在其他地方用,也可以导出整个影片;
3.发布:发布是指整个Flash影片,可以为.swf、.exe、.mov格式。

小提示:
任务开始时我们就已经保存过源文件,此处没有弹出保存对话框。

图3-1-30 保存源文件,导出播放器格式文件

七、拓展训练

绘制一个小和尚不过瘾吧,那么有没有兴趣绘制三个和尚呢?《三个和尚》是中国传统经典动画片之一,形象突出,寓意深刻。大家可以试试绘制三个个性迥异的小和尚。图3-1-31 为三个和尚的参考图。

八、任务小结

本章介绍绘图和编辑矢量图形的基本知识,为后面的 Flash 动画创作打下坚实的基础。通过本章的学习,应该掌握以下内容:熟悉工具箱中的各种绘图工具并能够使用绘图工具绘图,掌握

图3-1-31 三个和尚参考图

视图的选取与控制方法使用辅助工具进行绘图,矢量图之间的覆盖关系,使用工具箱中的各种工具修改矢量图。

九、挑战自我

Flash 因为采用的是矢量图,因此绘制出来的对象颜色非常鲜艳,并且不怕放大失真。现在大街小巷中都能见到一些可爱的卡通动画形象,像国产 Flash 动画《喜羊羊和灰太狼》中的主角等。让我们试一试用 Flash 绘制喜羊羊和灰太狼吧(图3-1-32)!

图 3-1-32　Flash 绘制的喜羊羊

工作任务 2　网站简单动画设计

 学习目标

1. 了解 Flash 动画的分类。
2. 理解 Flash 动画的原理。
3. 理解帧的原理、作用和分类。
4. 理解元件的作用和分类。
5. 掌握 Flash 各类动画的制作方法。
6. 简单动画的综合运用和创新。

一、开篇励志

"动静相宜"讲的是要注意将静与动结合起来,静中思动,以静制动。网页设计师们在日常的工作中也要注意内心的修养,通过反思把心理状态调整好。在良好的心态和成熟的思维创意基础上,合理的运用动画技术,才能将网页设计得更加出色,将自己的职业生涯绘制得更加精彩!

二、设计任务

本次的任务是给中国电信制作一个简单的手机展示动画。广告的尺寸是 150×200px。

此次任务将是我们真正意义上的第一个动画作品。

三、设计知识

（一）Flash 动画原理

1. 动画原理

动画类似中国传统的走马灯，灯笼不停地转动，灯笼各面上绘制的图画就像你追我赶一样产生了动画效果（参见图 3-2-1）。

图 3-2-1　走马灯效果和手翻书效果

电影和动画的形成都是利用了人眼的视觉暂留的特点。实验证明，如果每秒播放 24 幅左右图画或照片，人眼看到的就是连续的动画（参见图 3-2-2）。

图 3-2-2　连续的图片效果

2. Flash 动画与传统动画的异同

传统的动画片是将整个动画的场景分解成许多张手绘的图片，再拍成胶片播放出来而形成的。如 1961 年制作的动画片《大闹天宫》，每一个场景都是单独创作的一幅画，手绘图片多达 7 万张。图 3-2-3 是一些成功的动画片图例。

图 3-2-3　优秀国产动画《大闹天宫》(1961)、《喜羊羊与灰太狼》(2005)、《熊出没》(2012)、《少年阿凡提》(2011)

随着计算机技术的迅速发展，计算机图形功能逐渐强大，出现了以计算机辅助创作的动画。只要将绘画创作、动画编辑、特效处理、音效处理等过程都集中在一个软件中即可完成动画的制作全过程，大大降低了创作成本。

（二）Flash 动画的分类

Flash 动画的类别，一般是按动画创作的方法区分。制作 Flash 动画既可以一帧一帧绘制,也可以只设定两个关键帧,由计算机运算来完成逐渐改变的中间画面。

因此,Flash 动画一般可分成两大类:逐帧动画与渐变动画。渐变动画又可以根据两关键帧之间的变化对象分成运动渐变动画(变化对象是元件)和形状渐变动画(变化对象是图形),如图3-2-4 所示。

图 3-2-4　Flash 动画的分类

1. 逐帧动画

"逐帧动画"是在时间轴上逐帧绘制动画的内容,即每一幅画面均是由关键帧构成。由于是一帧一帧的画,所以逐帧动画具有非常大的灵活性,几乎可以表现任何想表现的内容。图 3-2-5 所示是一个逐帧动画的时间轴,通过此图可以看到连续的画面都是关键帧。

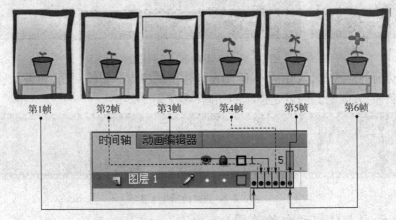

图 3-2-5　逐帧动画演示

逐帧动画是一种传统的动画形式,制作起来比较繁琐,要求创造者具有较强的逻辑思维能力和一定的绘图功底。逐帧动画的每一帧的内容都不一样,不仅增加制作负担而且最终输出的文件也很大。

逐帧动画的优势也很明显,就是非常适合表现很细腻的动画,如 3D 效果、人物或动物急剧转身等。

2. 渐变动画

Flash 的渐变动画包括形状渐变动画和运动渐变动画两种(两者区别见表 3-2-1)。与逐帧动画不同,渐变动画只制作关键帧,由计算机运算生成逐渐改变的中间动画。

(1) 形状渐变

形状渐变动画,是指在两个关键帧之间制作出图形对象的变形效果,可完成图像的移动、缩放、形状渐变、色彩渐变(填充色)、变化速度等动画效果(图 3-2-6)。

例如,圆形变方形的动画,数字"1"变数字"2"的动画等。

(2) 运动渐变

运动渐变动画是 Flash 动画中的主力军,大量的 Flash 创作作品均为运动渐变动画。运动渐变动画可完成对图像的位移、缩放、旋转、变速等内容的动画处理(图 3-2-7)。

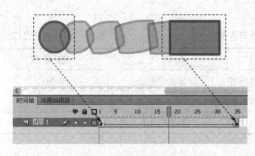

图 3-2-6 形状渐变动画演示

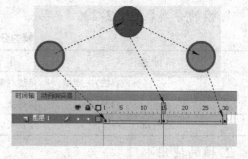

图 3-2-7 运动渐变动画演示

形状渐变与运动渐变动画的区别　　　　　　　　　表 3-2-1

区别之处	动作补间动画	形状补间动画
在时间轴上的表现	淡紫色背景加长箭头	淡绿色背景加长箭头
组成元素	元件：影片剪辑、图形元件、按钮	形状。如果不是形状，则必先打散再变形
完成的作用	实现一个对象(元件)的大小、位置、颜色、透明等的变化。对象本身没有形状上的变化	实现两个形状之间的变化，或一个形状的大小、位置、颜色等的变化
优点	生成文件较小	过渡效果真实、自然
缺点	仅仅只是对象交替出现的效果	生成文件较大

（三）Flash 补间动画

"补间"是 Flash 动画的一种制作方法，又叫补间动画。做 Flash 动画时，在两个关键帧中间需要做"补间动画"，才能实现图画的运动。两个关键帧之间的插补帧是由计算机自动运算而生成的。

Flash 从 CS4 版本就开始出现了新的补间动画。较早的 Flash 版本用户会比较习惯使用传统补间。

传统补间动画的顺序是，先在时间轴上的不同时间点定好关键帧(每个关键帧都必须是同一个元件)，再在关键帧之间选择传统补间，则动画就形成了。这个动画是最简单的点对点平移，就是一个元件从一个点匀速移动到另外一个点，没有速度变化，没有路径偏移（弧线），一切效果都需要通过后续的其他方式(如引导线、动画曲线)去调整。

新出现的补间动画则是在舞台上画出一个元件以后，不需要在时间轴的其他地方再打关键帧。直接在那层上选择补间动画，会发现那一层变成蓝色。之后，只需要在时间轴上选择需要加关键帧的地方，再直接拖动舞台上的影片剪辑，就自动形成一个补间动画。这个补间动画的路径可以直接显示在舞台上，并有调动手柄可以调整。

一般在用到 CS4 以上版本的 3D 功能时，会用到这种补间动画。一般做 Flash 项目还是用传统的比较多，容易把控。而且，传统补间比新补间动画产生的 ksize 要小，放在网页里更容易加载。

（四）Flash 帧的分类与使用

帧是 Flash 进行动画制作的最基本的单位，每一个精彩的 Flash 动画都是由很多个精心雕琢的帧构成的。在时间轴上的每一帧都可以包含需要显示的所有内容，包括图形、声音、各种素材和其他多种对象。

1. 帧的分类(表3-2-2)

表3-2-2
帧的分类与区别

帧分类		作用	外观特征	快捷键
关键帧	(有内容的)关键帧	延续对象的内容	实心的圆点	F6
	空白关键帧	等待插入新内容	空心的圆点	F7
普通帧		延长对象的状态	灰色填充的小方格	F5

2. 帧的使用

同一层中,在前一个关键帧的后面任一帧处插入关键帧,是复制前一个关键帧上的对象,并可对其进行编辑操作;

插入空白关键帧,可清除该帧后面的延续内容,在空白关键帧上添加新的实例对象;

插入普通帧,是延续前一个关键帧上的内容,不可对其进行编辑操作。

关键帧和空白关键帧上都可以添加帧动作脚本,普通帧上则不能。

应用中需注意的问题:

(1)应尽可能地减少关键帧的使用,以减小动画文件的体积;

(2)尽量避免在同一帧处过多使用关键帧,以减小动画运行的负担,使画面播放更加流畅。

图3-2-8是帧在时间轴上的显示状态。

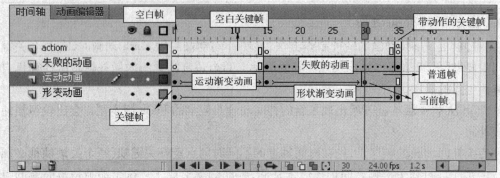

图3-2-8 帧在时间轴上的显示状态

(五)Flash元件与实例的妙用

Flash制作过程中经常需要重复使用素材,这时就要用到元件了。可以把元件理解为原始的素材,通常存放在"库"中,以方便重复使用或者再次编辑修改。元件只需创建一次,以后即可在整个文档或其他文档中重复使用。

1. 元件与实例的概述

元件是一个可以重复使用的图像、动画或按钮。将元件从库中拖到舞台上使用就叫实例。在Flash里,元件是最终要进行表演的演员,而它所在的库就相当于演员的休息室,场景是演员要进行表演的最终舞台。一个演员从"休息室"走上"舞台"就是"演出"。同理,"元件"从"库面板"中进入"舞台"就被称为该"元件"的"实例"。

元件只需创建一次,以后即可在整个文档或其他文档中重复使用,即一个元件可以产生无数个实例。

从图3-2-9的"新建元件窗口"可以看到,"元件"有三种类型:影片剪辑、按钮、图形。从

【库】面板中可以对应三种元件的显示状态。【库】面板中的"花2"图形元件对应场景中的多个实例。

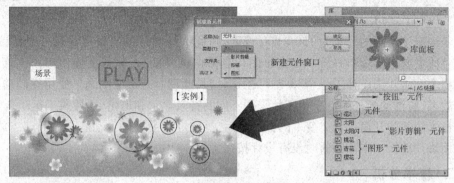

图 3-2-9　元件与实例的关系

2. 元件的分类及特点

Flash 的元件有三种形式,即影片剪辑、图形、按钮(详见表 3-2-3)。

元件的分类　　　　　　　　　　　　　表 3-2-3

	图　形	影片剪辑	按　钮
图标	花2	太阳闪	PLAY
元件编辑窗口			
概念	可以重复使用的静态图像,一般是静止的一幅图画	一小段动画,可以理解为电影中的小电影,完全独立于场景时间轴,并能重复播放	实际上是一个只有 4 帧对应 4 个状态的影片剪辑
作用	可以作为制作动画和其他元件的基础	用来将大段的动画分解成一段段的小动画,便于梳理动画层次,减少主时间轴负担	给舞台上的按钮添加动作语句,实现 Flash 影片强大的交互性
特点	1.不能加入动作语句和声音; 2.播放完全受制于场景时间线; 3.在场景中即可适时观看,也可以实现所见即所得的效果; 4.图形元件中可以嵌套另一个图形元件	1.可以加入动作语句和声音; 2.播放不受场景时间线长度的制约; 3.在场景中敲回车测试时看不到实际播放效果,只能在各自的编辑环境中观看效果; 4.影片剪辑中可以嵌套另一个影片剪辑	1.可以加入动作语句和声音; 2.并不自动播放,而只是响应鼠标事件; 3.场景中无法看到按钮动态效果; 4.按钮元件中不能嵌套另一个按钮元件

四、案例赏析

📀 本书配套网上教学资源中有几个典型的动画供大家分析和学习。

五、任务准备

（一）设计分析

由于规定了动画的尺寸为 150×200 像素，因此选择图片的时候尽量选竖着的图像，使得动画整体看起来比较整齐统一。由于图片自带白色背景，干脆就直接使用白色背景。我们还在整个动画片头设计了一个"3-2-1"的倒计时，此动画是形变动画。使用逐帧动画制作霓虹灯效果，装饰动画外框。手机图片采用不同的特效显示和退出，这段属于运动渐变。

经过了短暂的开篇 3 变 2 变 1 的倒计时后，霓虹灯和手机展示动画不停循环播放，因此可以使用影片剪辑。本动画暂时没有设计按钮元件。

（二）技术分析

使用工具：Flash CS6。

使用技术（表3-2-4）：

任务采用的技术分析　　　　　　　　　　　　　表3-2-4

序号	技　　术	难度系数
1	逐帧动画的制作	★★★☆☆
2	文字滤镜效果	★★☆☆☆
3	各种运动动画的制作	★★★★☆
4	形状动画的制作	★★★☆☆
5	帧的操作——新建、删除、复制、粘贴等	★★★☆☆
6	元件的建立与使用	★★★★☆
7	简单 Action 语句的使用	★☆☆☆☆

（三）素材搜集

在本书配套网上教学资源中的本次任务的"任务准备"文件夹中，提供了 8 张手机的图片，但是图片的尺寸不统一。可以使用 Fireworks 或其他图像处理软件，将其设置为统一 300×300 像素、背景为白色的图片，全部另存在"手机修改图"文件夹中（图3-2-10）。

图 3-2-10　处理好的素材图片

六、任务开展

1. 新建画布

打开 Flash,新建一个 300×400px 尺寸的画布,帧频设置为 12fps,其他参数保留默认值。

步骤:使用"欢迎"页面或"文件|新建",在弹出的"新建文档"对话框中选择"ActionScript3.0",具体参数如图 3-2-11 所示,将文档保存为"电信手机展示.fla"。

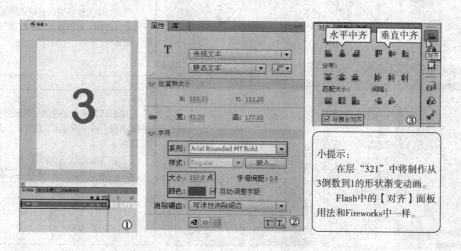

图 3-2-11　在舞台上输入数字"3"

2. 在舞台上输入数字"3",设置舞台居中

步骤:①将【时间轴】上图层 1 的名字改为"321",选中第 1 帧;②使用【工具】里的"文本"工具,设置文字属性,在舞台中间输入数字"3";③再利用"窗口|对齐",打开【对齐】面板,一次选中"与舞台对齐"、"水平中齐"、"垂直中齐"。

3. 分别在 8、12、20、24 帧输入相应数字

步骤:①在层"321"的第 8、12、20、24 帧处按 F6 键插入关键帧;②在场景中将第 12、20 帧的数字"3"改为"2",将第 24 帧的数字"3"改为"1"。如图 3-2-12 所示。

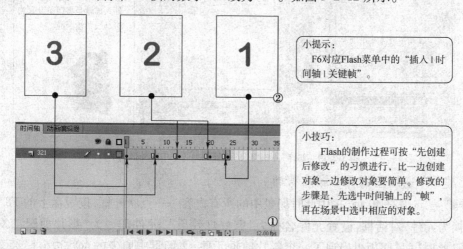

图 3-2-12　分别在第 8、12、20、24 帧输入相应数字

4. 制作从 3 到 2 到 1 的形变动画

步骤：①选中第 1 帧，将场景中的数字"3"按"Ctrl + B"打散，同理打散其他几个关键帧里的数字；②选中第 8 到 12 帧之间任意一帧，点击鼠标右键，选择"创建补间形状"，此时两个关键帧之间产生了绿色的背景色和黑色箭头，表示形变动画制作成功；③同理制作第 20 到 24 帧之间的形变动画，并且在第 36 帧按 F5 键。效果如图 3-2-13 所示。

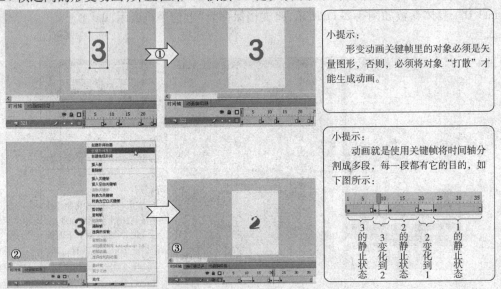

图 3-2-13　制作从 3 到 2 到 1 的形变动画

5. 制作"霓虹灯"的逐帧动画效果中的外框效果

步骤：①新建"霓虹灯效果"层，在第 40 帧按 F7 键插入一个空白帧，选择【工具】中的"矩形"工具，属性设置如图 3-2-14 所示；②沿着场景边缘内部绘制一个矩形，松开鼠标，可看见形成了一个点状方框（效果如图 3-2-14 所示）。

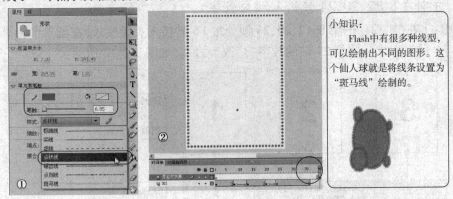

图 3-2-14　制作"霓虹灯"的逐帧动画效果中的外框效果

6. 建立"霓虹灯效果"影片剪辑

步骤：①点击第 40 帧，选中此时场景中的所有内容——点状外框，按键盘上的 F8 键，弹出"转换为元件"对话框，设置元件名称为"霓虹灯效果"，元件类型为"影片剪辑"，对齐为"中心"，此时【库】面板里出现了一个影片剪辑元件；②场景中原来的点状边框已经变成了一个覆盖在场景上的影片剪辑，中间的带圈的十字形就是它的注册点（如图 3-2-15 所示）。

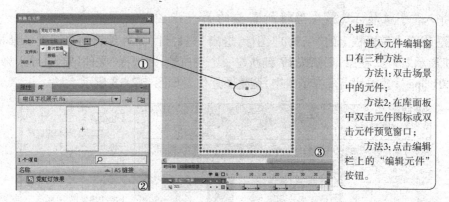

图 3-2-15 建立"霓虹灯效果"影片剪辑

7. 制作逐帧动画——霓虹灯闪动效果

步骤:①在场景上点击元件注册点,进入影片剪辑"霓虹灯效果"编辑窗口;②将元件的层名称改为"霓虹灯",按下 4 次 F6 键添加 4 个关键帧;③分别选中 4 个关键帧,点击场景中的框线,在【属性】中将点状框架颜色改为绿色、紫色、蓝色、黄色(效果如图 3-2-16 所示)。

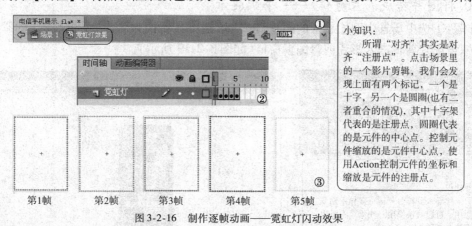

图 3-2-16 制作逐帧动画——霓虹灯闪动效果

8. 制作逐帧动画——闪烁文字

步骤:①新建"文字"层,选中第 1 帧输入文字"电信手机展示";②点击【属性】下部的"滤镜"展开滤镜面板,点击面板底部的"添加滤镜"按钮分别为文字添加"滤镜"效果;③从"文字"层的第 2 帧开始,连续按 4 次 F6 键添加 4 个关键帧,修改每个关键帧里文字滤镜颜色(如图 3-2-17 所示)。

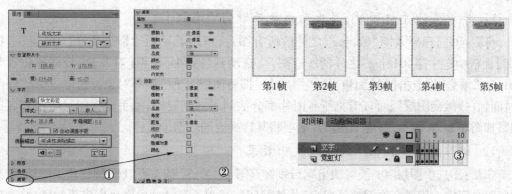

图 3-2-17 制作逐帧动画——闪烁文字

9. 导入"手机展示"影片剪辑所需要的第一张图片

步骤:①点击编辑栏上的"场景1"图标,退出"霓虹灯"元件编辑窗口回到场景状态,新建"手机展示"图层,在第40帧按F7键新建一个空白帧;②选择"文件|导入|导入舞台",导入图片"01.jpg";③图片出现在场景中,调整图片位置如图3-2-18所示。

图 3-2-18　导入"手机展示"影片剪辑所需要的第一张图片

10. 将图片转成影片剪辑——"手机展示"

步骤:①选中场景中刚才导入的图片,按"F8"键将其转换为名为"手机展示"的影片剪辑;②双击影片剪辑进入影片剪辑编辑窗口(如图3-2-19所示)。

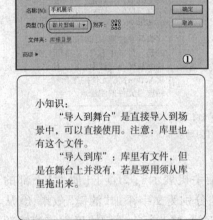
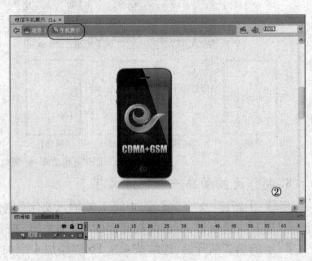

图 3-2-19　将图片转成影片剪辑——"手机展示"

11. 导入其他手机图片,并为动画展示做好准备工作

步骤:①同理导入除"01.jpg"之外的所有图片,可以看见图片都出现在【库】里;②在【库】面板中选中除"01.jpg"之外的所有图片,拖动到场景中,使用【对齐】面板调整位置与"01.jpg"重合;③点击【层】面板上的"图层1",即将图层1上的所有对象都选中,选择"修改|时间轴|分散到图层",可以看见所有图片都分散到不同图层中;④手动将图层顺序和名字调整如图3-2-20所示,并逐个按图片名字将其转换为同名图形元件。

12. 制作图片"01.jpg"的淡入淡出效果

步骤:①选中图层"01淡入淡出",分别在其第10、40、50帧按下"F6"键创建关键帧,依次在每段时间轴上用鼠标右键选择"创建传统补间",可以看到动画段底色变成蓝紫色,并产生

了黑色的箭头;②锁定和隐藏其他的图层,选中"01 淡入淡出"图层第 1 帧,点击场景中的手机图片,在【属性】栏上的样式下拉列表中选择"Alpha",将 Alpha 值滑块拖动到最左侧,即值为 0,此时层里对象为完全透明。同理第 50 帧的对象透明度也设置为 0;③点击时间轴面板下方的播放控制按钮,可以预览动画的播放效果。效果如图 3-2-21 所示。

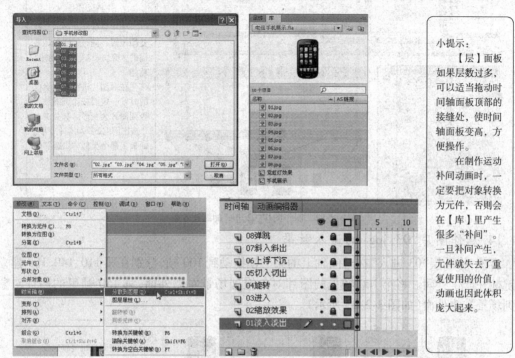

图 3-2-20　导入其他手机图片,并为动画展示做好准备工作

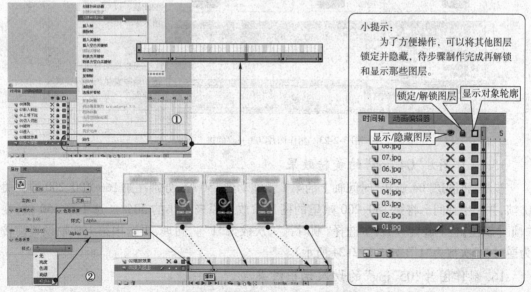

图 3-2-21　制作图片"01.jpg"的淡入淡出效果

13. 制作图片"02.jpg"的缩放效果

步骤:锁定和隐藏图层"01 淡入淡出",显示和解锁图层"02 缩放效果"。①按住鼠标左键将第 1 帧拖动到第 50 帧的位置,使用与图片 01.jpg 相同的操作,分别在第 60、90、100 帧

按下 F6 产生关键帧,并分别在动画段上"创建传统补间";②选中第 60 帧场景上的图片对象,打开【变形】面板将对象的宽高都设置为"0%",同理也将第 100 上的图像对象宽高设置为"0%";③点击时间轴下方播放按钮观看动画,如图 3-2-22 所示。

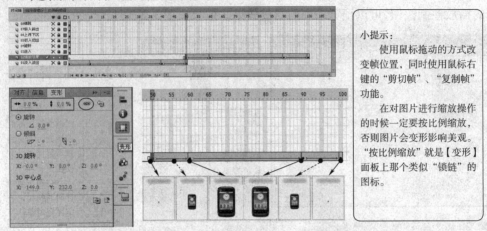

图 3-2-22　制作图片"02.jpg"的缩放效果

14. 制作图片"03.jpg"的进入效果

步骤:将图层"03 进入"在时间轴上的第 1 帧拖动到 100 帧,分别在第 110、140、150 建立关键帧并产生补间。将第 100 帧里的图片对象拖到场景左侧外面,第 150 帧里的图片对象拖到场景右侧外面(如图 3-2-23 所示)。

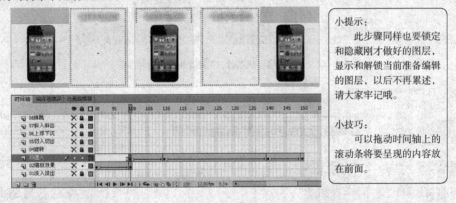

图 3-2-23　制作图片"03.jpg"的进入效果

15. 制作图片"04.jpg"的旋转效果

步骤:将图层"04 旋转"时间轴上的第 1 帧拖动到 150 帧,分别在第 160、190、200 建立关键帧,并产生补间。将第 150、200 帧里的图片缩放至原来大小的 30%。选中第 150 帧,在"帧"【属性】栏"旋转"项目中选择"顺时针",次数为"1"。同理,再选中第 190 帧设置旋转为逆时针,次数为"1"(如图 3-2-24 所示)。

16. 制作图片"05.jpg"的切入切出效果

步骤:将图层"05 切入切出"在时间轴上的第 1 帧拖动到 200 帧,别在第 210、240、250 建立关键帧,并产生补间。将第 200 帧里的图片对象拖到场景下方外面,第 250 帧里的图片对象拖到场景上方外面。选中第 200 帧,在【属性】栏中设置缓动值为"-100"。同理设置第 240 帧缓动值为"100"。图 3-2-25 所示为制作图片"05.jpg"切入切出效果。

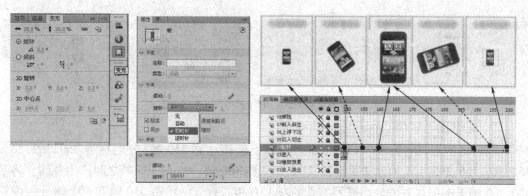

图 3-2-24　制作图片"04.jpg"的旋转效果

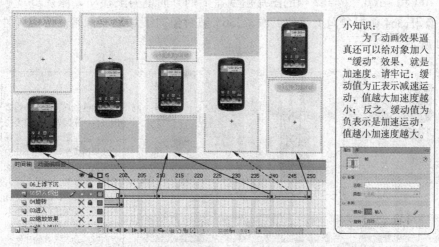

图 3-2-25　制作图片"05.jpg"的切入切出效果

17．制作图片"06.jpg"的上浮下沉效果

步骤：将图层"06 上浮下沉"在时间轴上的第 1 帧拖动到 250 帧，分别在第 260、290、300 建立关键帧，并产生补间。将第 250、300 帧里的图片对象都拖到场景下面外测，且对象 Alpha 设置为 0；将第 250、290 帧的缓动值分别调整为 100 和 -100。效果如图 3-2-26 所示。

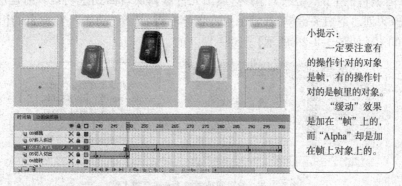

图 3-2-26　制作图片"06.jpg"的上浮下沉效果

18．制作图片"07.jpg"的斜入斜出效果

步骤：将图层"07 斜入斜出"在时间轴上的第 1 帧拖动到 300 帧，分别在第 310、340、350 建立关键帧，并产生补间；将第 300、350 帧里的图片对象分别拖到场景的左下方和右下方；给第 300 帧和 340 帧分别设置缓动值为 100 和 -100。效果如图 3-2-27 所示。

97

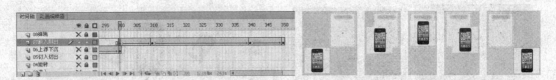

图 3-2-27　制作图片"07.jpg"的斜入斜出效果

19.制作图片"08.jpg"的弹性效果

步骤:将图层"08 弹跳"在时间轴上的第 1 帧拖动到 350 帧,分别在第 360、362、363、364、365、366、395、405 帧建立关键帧,并在 350 到 360 帧、395 到 405 帧之间产生补间。将第 350、405 帧里的图片对象分别拖到场景的左上方和右行方。给第 350 帧和 405 帧分别设置缓动值为 100 和 -100。将 362 帧的图片用键盘上的方向键向上移动 2 像素,363 帧对象向下移动 2 像素,364 帧对象向上移动 1 像素,365 帧对象向下移动 1 像素。形成弹性效果如图 3-2-28 所示。

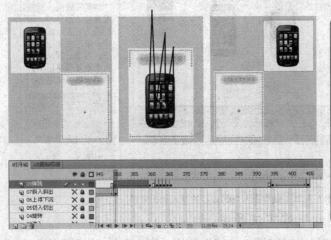

小技巧:
　　弹性效果,即运动物体围绕目标来回做速度渐慢的运动,直至最后停下。其视觉效果活泼生动,是 Flash 中的常见运动特效之一。对象的弹性效果其实就是位置上的移动,尽量让运动符合自然规律。如果鼠标拖动不太精确的话可以通过键盘上的方向键移动。逼真的弹性效果最好使用 AS 代码实现。

图 3-2-28　制作图片"08.jpg"的弹性效果

20.给时间轴添加 Action 控制代码

步骤:点击编辑栏上的"场景 1"图标,退出元件编辑窗口回到主场景。新建层"action",在第 40 帧按 F7 创建空白关键帧,在帧上点击鼠标右键,选择"动作",在弹出的【动作】面板上输入"stop();"(如图 3-2-29 所示)。

小技巧:
　　为什么要在第 40 帧加入 action:stop 呢?因为第 40 帧时间轴上有影片剪辑"霓虹灯效果"和"手机展示"。当整个动画 stop 时,影片剪辑只会循环播放。

图 3-2-29　给时间轴添加 Action 控制代码

21.保存源文件,导出播放器格式文件

步骤:按"Ctrl+S"保存源文件格式。按"Ctrl+Enter"导出播放器格式。屏幕上弹出"FlashPlayer"播放器,动画在其中循环播放。而在文件夹中会出现一个文件名和源文件名称一致的"swf"文件,这就是播放器格式文件(如图 3-2-30 所示)。

 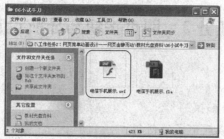

小知识：
　　除了可以导出swf文件格式，Flash还可以导出其他格式。具体操作是："文件|发布设置"，在弹出的对话框中选择想导出的文件格式。

图 3-2-30　保存源文件，导出播放器格式文件

七、拓展训练

这个动画存在着一些小小的瑕疵，能不能改进呢？

1．"3 变 2 变 1"还比较生硬，动画渐变过渡非常牵强

提示：可以利用形状提示（图 3-2-31）。在脑海中规划出每个数字的每个位置的变化规律，实在不行就手绘一张图，找出每个关键点变化的对应位置。使用"形状提示"，使动画按照设计者的想法变化。

图 3-2-31　形状提示动画区别

2．"手机展示"影片剪辑里 8 张图片动画的第 1 帧都要被逐个拖动到对应开始位置，非常麻烦

提示：一般设计师习惯一次性把每个图层关键帧都建好，然后再一次性拖动整个层的动画到合适位置。

那么就请大家修改动画吧。

八、任务小结

本章介绍了 Flash 的动画原理，和传统动画的区别与优势。逐帧动画、形状渐变动画、运动渐变动画是 Flash 最常见的三种动画形式。Flash 动画制作技巧实在太多了，众多闪客已经使用 Flash 这个奇妙的动画工具创造了很多只有"想不到没有做不到"的 Flash 动画，其中许多堪称经典！在任务之外，大家可以在网上查找优秀的 Flash 动画观摩和研究。

九、挑战自我

在教材配套素材的此次任务对应的"挑战自我"文件夹中，有几个简单的 Flash 源文件。请仔细研究一下，看看能否制作出来，并有所创新。

工作任务3　网页按钮与导航设计

　学习目标

1. 了解按钮与导航的设计知识。
2. Flash 的按钮与导航的表现形式的创新。
3. 理解 Flash 与 Fireworks 的协作技巧。
4. 掌握 Flash 动画的发布设置。
5. 理解 Flash 元件在场景中的转换与运用。
6. 掌握 Flash ActionScript 编程。

一、开篇励志

"设置一个正确目标意味着已经达成一半了。"有人认为,人生最重要的不是努力,而是制定方向;有了方向的努力才不会是盲目的。

二、设计任务

通过前面的训练,我们已经掌握了网站图像、广告、标志的设计技能。但是网页中单独的元素只是陈设,需要有按钮和导航实现网站页面之间的跳转。今天我们的设计任务就是为主营新疆特产的本土公司——"天山果果"制作漂亮、实用的按钮和导航。

三、设计知识

(一)按钮

1. 按钮的功能

网页中的按钮主要有三大作用,一是提示,二是链接,三是交互。按钮通过呈现的内容向浏览者提供信息,并且对用户的操作产生响应,还可以提交用户产生的信息。

2. 按钮的特点

(1)易用性

在网页中使用图像按钮比普通的字体更容易被浏览者识别,也更方便浏览者的操作和使用。

(2)可操作性

通常,网页中需要突出的重要功能或链接常常以按钮的形式展现,例如"注册"、"搜索"、"进入"、"登陆"等。

(3)动态效果

相对静态文字的效果比较链接,样式美观的按钮更能引起浏览者的兴趣和注意,尤其是一些具有动态效果的按钮更能够增强页面的动感,传达更丰富的信息。

3. 按钮的分类

按照按钮的表现形式可以将网页中的按钮分为静态按钮和动画按钮两种,按实现技又可以分为图像按钮、JavaScript 按钮、动画按钮三种。

（1）静态图像按钮

静态图像按钮由纯图像设计而成，它比一般文字效果美观、醒目，制作也比较简单，但不具有动态和交互效果。

（2）JavaScript 按钮

JavaScript 按钮需要通过编写 JavaScript 代码实现。最常见的 JavaScript 按钮是 JavaScript 反转图片按钮，即按钮在普通状态和鼠标经过状态具有不同的图像显示效果。

（3）Flash 按钮

Flash 按钮是目前最流行的网站按钮形式，它新颖美观，具有较强的动态和交互效果。越来越多的网页设计师已经意识到 Flash 按钮的强大优势，因此 Flash 按钮在网页中的应用范围也越来越广泛。

（二）导航栏

1. 导航栏的功能

导航，又称导航栏或导航条，它是网站重要信息在页面中核心项目的强调和重现。或者说，它是网页内容的目录。网站是由多个网页组成的，对浏览者来说，导航就作为网站信息查阅的核心构架；从组成上来说，导航系统其实是由多个具有链接功能的按钮组成。

2. 导航栏的方向和位置

导航的方向，实际上是指导航项目的分布方式，主要有横向导航、纵向导航、斜向导航三种。导航的方向性很大程度上影响着网页设计的空间分割与排版风格。

（1）横向导航

横向导航占用页面空间最少，视觉上也比较显大气，经常作为门户、咨询类网站的首选，也深得企业、政府网站的青睐。此外，横向导航在设计风格上更加独立，不论是风格融合还是标新立异都容易做到。

横向导航一般位于网页的顶端，但一些信息比较多的网站会在网页底端重现导航，或者增设一个简单的辅助导航。图 3-3-1 是横向导航栏的例子。

图 3-3-1　横向导航栏

（2）纵向导航

相对于横向导航，纵向导航占用空间较多，通常位于网页的左右两侧，更以左侧居多。左侧导航符合浏览者的浏览习惯，而右侧导航会给设计增加难度。

纵向导航虽然不如横向导航大气，但在页面信息量不足的情况下，可以选择纵向导航，不但能有效地填补页面空间，还能帮助弱化信息量少所带来的视觉缺陷。图 3-3-2 是纵向导航栏的例子。

（3）斜向导航

斜向导航在网页中比较少见，占用空间最多，设计难度也比较大，因此不太适用于信息量多的网页。

斜向导航个性非常鲜明,对网页风格产生的影响也最大。当网页使用斜向导航时,网页的排版与布局都需要与之呼应。这样的网页虽然内容信息不多,但却拥有很强的视觉冲击力,会更显个性和精美。图 3-3-3 是斜向导航栏的一个例子。

图 3-3-2　纵向导航栏

图 3-3-3　斜向导航栏

(三) Flash 中的按钮元件

按钮元件顾名思义就是可以用鼠标控制的 Flash 基本元件之一。按钮元件具有多种状态,并且会响应鼠标事件,执行指定的动作,是实现动画交互效果的关键对象。

"按钮"和"图形"、"影片剪辑"一样,有两种建立办法。一种是通过在舞台中现有的对象按下键盘"F8"键转换为"按钮元件";第二种方法是通过 Flash 软件的菜单,执行"插入|新建元件"命令。

进入"按钮元件"的编辑界面,可以看到按钮和"图形"、"影片剪辑"不一样,它只有 4 帧,代表按钮的四种状态,分别是弹起、指针经过、按下和点击(图 3-3-4)。其中,前三项是按钮在不同情况下的显示状态,最后一项"点击"不表示任何状态,其实就是按钮的点击有效范围。

图 3-3-4　Flash 按钮的四种状态

（四）Flash 导航的常见样式

使用 Flash 制作的导航栏实际上是由多个按钮组成，因此此处讨论的 Flash 导航的表现形式也包含了 Flash 按钮的表现形式。

制作网页时，Flash 最常用的功能之一就是制作导航菜单。与传统的文字导航和图片导航相比，用 Flash 制作的导航菜单具有动感强、视觉效果好、交互性高的优点。在网页中适当地加入 Flash 导航菜单，会使网页显得生动活泼，具备更强的吸引力，从而增加网站的浏览量。

导航菜单是为整个网站服务的，根据网站类型的不同也会表现出不同的设计形式。在制作导航菜单之前，应当先了解该导航菜单所属网站的类型，以及该导航菜单所要实现的功能。再根据网站的具体需要选择合适的形式，并完成进一步的设计。

1. 普通导航

这种类型的导航菜单主要由按一定顺序排列的按钮组成。按钮可以是单纯的图片或文字，也可以附加一些简单的动态效果。普通导航适用于下级链接页面不是特别多、结构也不是很复杂的网站。

普通导航通常的表现形式有：鼠标经过时文字颜色、大小、位置变化，或者背景色、背景图片有所不同。图 3-3-5 是普通 Flash 导航栏的样例。

图 3-3-5　普通 Flash 导航栏

2. 幻灯片菜单

对于一些以图片为主的网页来说，有时候需要将多幅图片放置在网页中的同一个区域内。当浏览者用鼠标触发相应的导航按钮时，该按钮所对应的图片会显示在该区域内。

这种导航菜单一般应用在需要展示多幅尺寸较大的图片，而页面空间有限，同时又不希望增加下级链接页面的网页中。图 3-3-6 是幻灯片式 Flash 导航栏的样例。

图 3-3-6　幻灯片式 Flash 导航栏

3. 下拉菜单

下拉菜单是网页制作中比较常用的一种导航形式。当浏览者将鼠标指针移动到菜单上时，会显示出隐藏的子菜单，浏览者可以直接在子菜单项中选择想要访问的页面。图 3-3-7 是下拉式 Flash 导航栏的样例。

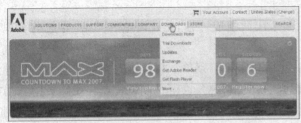

图 3-3-7　下拉式 Flash 导航栏

4. 循环滚动菜单

在一定区域内,各种产品图片如同走马灯一样不停地循环显示。当浏览者将鼠标指针移动到这个区域内时,所有的产品图片都停止了移动。这就是循环滚动菜单的样式。

还有一种特别的循环滚动菜单——与鼠标位置互动的导航菜单。普通的循环滚动菜单虽然实现了在有限空间内展示大量信息的效果,但信息循环的主动权并不在浏览者手中。与鼠标位置互动的导航菜单就可以解决这一问题。例如,当浏览者将鼠标指针移动到导航栏左侧时,图片组会向右侧滑动;而当浏览者将鼠标指针移动到导航栏右侧时,图片组会向左侧滑动。这样就实现了浏览者对导航菜单的自主控制。图 3-3-8 是循环滚动式 Flash 导航栏的样例。

图 3-3-8　循环滚动式 Flash 导航栏

(五)设计要领

随着互联网快速发展,美观、具有交互性的图像按钮越来越普及。在注重实用的同时,按钮的美观和创意也非常重要。独特设计的按钮不仅能给浏览者一个新的视觉冲击,还能给网站的整体设计增加魅力,增强网页的互动性。

1. 按钮和导航的表现形式

按钮和导航的表现形式按视觉方式可以分为静态和动画两种,按使用的媒体方式又可以分为纯文字按钮、图片按钮、动画按钮,以及文字、图片、动画多种媒体组合式的。

在功能上,朴素与清爽的文字已经可以完成链接功能。但从美化页面的角度来说,纯文字是远远满足不了人们需求的。但纯文字并不代表没有设计,通过对文字颜色、大小、尺寸的细节设计同样可以创造出多样的效果。

越来越多的按钮和导航设计采用图片、动画等表现形式,"文字+装饰"更能体现出网络传播的灵活性与趣味性。但通过装饰的按钮和导航会更多占用网页面积,不能使用过度。

还有一些大胆的设计师压根不使用文字,而是使用纯图片或动画,但脱离了文字的最好诠释,容易让浏览者感觉"茫然",因此使用上要特别注意。

图 3-3-9 所示为多种表现形式的导航栏。

 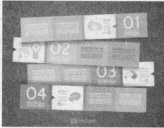 

图3-3-9 多种表现形式的导航栏

2.按钮和导航的设计要点

（1）按钮设计要与页面的整体风格协调，色彩最好不超过四种，不能"喧宾夺主"。

（2）按钮一般辅以文字说明。如果采用纯图片或动画的形式，一定不要太复杂，还要有清晰明了的含义，别让浏览者费劲去猜。

（3）网站的每个页面都应该有"后退"、"返回首页"功能的按钮，使网站信息链接更流畅。

四、案例赏析

本书配套网上教学资源中有部分优秀的Flash按钮和导航栏源文件供大家分析和学习。

五、任务准备

（一）设计分析

由于我们还是新手，因此网页导航采用最常见的"普通导航栏"，使用文字与图片切换的方式，即导航栏按钮普通状态下是文字，鼠标经过时背景颜色变化并且切换到相应图片，点击时链接到相应网页。

新疆的特产很多，但"天山果果"公司主要经营的是红枣、葡萄干、核桃三种，因此这三个种类就是导航栏的三个项目，外加一个方便浏览者的"首页"，一共有四个按钮。导航的下部设计一个新疆果园的背景图片，加上广告语"天山果果源自大美新疆"，并为广告语加上很简单的动画，免得喧宾夺主。

网站配色上，主色计划采用绿色，为的是与"绿色农业、生态农业"的口号呼应，辅色为白色和金色。

最终，"天山果果"网站导航的效果图构想如图3-3-10所示。

图3-3-10 "天山果果"网站导航的效果图

（二）技术分析

使用工具：Flash CS6。

使用技术（表3-3-1）：

任务使用技术分析　　　　　　　　　　　　表 3-3-1

序号	技　　术	难度系数
1	按钮的制作	★★★☆☆
2	Flash 与 Fireworks 的协作	★★★☆☆
3	导航栏的功能设计	★★★★☆
4	动画对象的滤镜功能	★★★☆☆
5	Action 的使用	★★★★★

（三）素材搜集

既然是一个主营干果的公司，肯定要搜集红枣、葡萄干、核桃的图片，而且为了标准化，最好都采用装盘的干果图片。如果此类素材不好找，就请公司拍摄几张图片。此外导航栏的下面还要一幅体现新疆果园的图片，经多次查找，终于找到了一幅富丽堂皇的夕阳下的果园景象——"背景 3.jpg"。

为了导入 Flash 后效果更好，使用 Fireworks 将下载的红枣、葡萄干、核桃的图片处理成透明的背景图像。此外，还制作了文字"天山果果源自大美新疆"的透明 Png 格式文件——"文字.fw.png"。

使用 Fireworks 制作整个 Flash 动画底图，如图 3-3-11 中的"处理后的图像"文件夹中的"背景素材 2.fw.png"，及其导入图片"背景素材 2.jpg"。

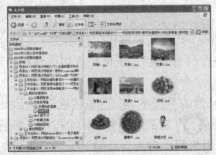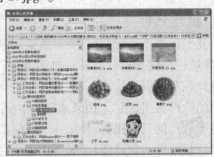

图 3-3-11　"天山果果"网站素材原始图片及处理后的图片

六、任务开展

1. 新建 Flash 文档，并设置文档尺寸及画布颜色

步骤：新建文档，设置文档大小为 800×600 像素，fps 为 24，颜色为墨绿色（#023127）。整个舞台效果如图 3-3-12 所示。

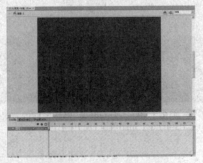

小技巧：
　　把 Flash 文档舞台的颜色设置的和网页背景色一致，有利于在网页加载时产生统一的效果。

图 3-3-12　新建 Flash 文档并设置参数

2. 导入背景图像,且垂直水平居中

步骤:①将"图层1"命名为"背景",使用"文件|导入|导入到舞台",导入本书配套网上教学资源"05 任务准备/处理后的图像"文件夹中的"背景素材2.jpg";②使用【对齐】面板使其相对于舞台水平、垂直都居中。效果如图3-3-13所示。

图3-3-13　导入背景图像,并垂直水平居中

3. 导入文字透明背景文件,并转换元件

步骤:①选定"背景"层,新建"文字动画"层,选中此层的第1帧,导入"文字.fw.png",调整到适当位置;②选中导入的图片,按F8键将图片转为名为"文字动画"的影片剪辑元件,并双击场景中该元件,进入影片剪辑编辑窗口;③在"文字动画"影片剪辑编辑窗口舞台中选中图片,按F8键将图片转为名为"文字"的影片图形元件,并将所在图层更名为"文字",此时文档库面板中有一个"文字动画"影片剪辑元件、一个"文字"图形元件。效果如图3-3-14所示。

小知识:
　　在Flash制作中导入透明背景的png格式文件很常见。png格式文件既能支持几乎所有颜色,还能保持背景透明,这是jpg格式和gif所不具备的优点。

图3-3-14　导入文字透明背景文件,并转换元件

4. 制作文字动画效果

步骤:①将"文字"层第1帧拖动到第40帧的位置,并在第55、100、115帧按F6键插入关键帧,并在第40到55帧之间100到115帧之间创建传统补间;②分别选中第40、55、100、115帧里的图形元件,在属性栏"实例行为"下拉列表中选择"影片剪辑"(这样图形元件就有了影片剪辑元件的功能了);③分别选中第40、115帧里的影片剪辑元件,在【属性】中添加"模糊"滤镜,并设置模糊值为33;④选中第40、115帧的影片剪辑对象,设置属性栏中的Alpha值为0。效果如图3-3-15所示。

图 3-3-15　制作文字动画效果

小知识：
　　Flash的三种元件在舞台上都可以在属性面板中相互改变其行为，也可以相互交换类型，因而我们可以在舞台上对元件进行角色转换。比如在编辑影片剪辑时，可以先把它转换为图形，循环运行；在不需要影片剪辑运动时，可转换为单帧图形等；当需要对重复使用的元素进行修改时，只需编辑元件，Flash即对所有该元件的实例进行更新。

5. 制作"首页"按钮元件的底板

步骤：①按编辑栏上的"场景1"按钮退回到主场景，将"文字动画"层锁定。选择"插入|新建元件"或按组合键 Ctrl + F8，新建 按钮元件"首页"，点击确定后进入按钮元件编辑窗口；②在"弹起"帧，使用"矩形"工具绘制一个无边框矩形，尺寸为 198.5×100，颜色为 #3D8946；③使用【对齐】面板使矩形位于场景正中心。效果如图 3-3-16 所示。

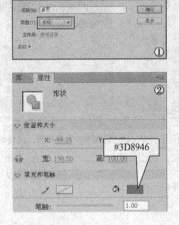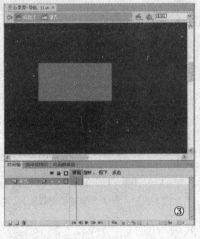

小提示：
　　元件可以直接新建，也可以由别的对象转换生成。新建元件的方式将会直接进入元件编辑窗口，且不显示舞台背景；而转换元件的方式需要用户进一步操作才能进入元件编辑窗口，并且可以显示舞台背景。

图 3-3-16　制作文字动画效果

6. 制作"首页"按钮翻转效果

步骤：①在按钮的"指针经过"帧按 F6 键添加关键帧，将帧里的底色改为"#548743"；②在"按下"和"点击"帧按下 F5 键，将"指针经过"帧的内容延长；③新建层"图片"，在"弹起"帧输入文字"首页"，字体为"方正汉真广标简体"，白色，大小为30，居中放置；④在"指针经过"帧按 F7 键添加空白关键帧，导入图片"新疆女孩.png"，并调整大小，居中放置。效果如图 3-3-17 所示。

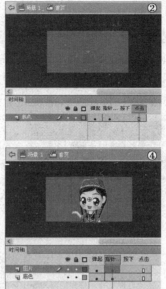

小技巧：
一般我们不需要把按钮的所有状态都做出来，最常见的是"弹起"、"指针经过"两帧。"点击"帧必须做，否则按钮没有响应区，就失效了。"点击"帧的反应区一般以按钮内容最大对象为标准，保证按钮的有效反应区最大化。此外，由于"底色"层已经设置了"点击"帧的反应区，"图片"层其实没必要做"点击"帧的反应区。

图 3-3-17　制作"首页"按钮翻转效果

7. 制作其他按钮

步骤：①在【库】面板选中"首页"按钮点击鼠标右键，选择"直接复制"；②在弹出的"直接复制元件"对话框中将元件的名字改为"红枣"；③此时在【库】面板中出现了一个名为"红枣"的按钮；④在【库】面板中双击"红枣"按钮，进入按钮编辑窗口，选中"图片"层，将"弹起"帧文字内容改为"红枣"；⑤把"指针经过"帧上的图片删除，导入"红枣.png"，并调整大小和位置。同理制作出"葡萄干"和"核桃"按钮。如图 3-3-18 所示。

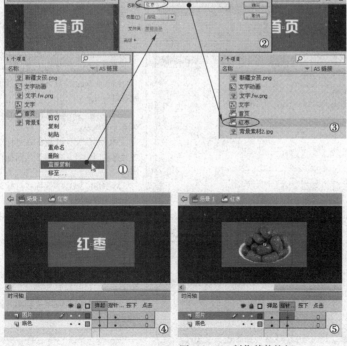

小知识：
在库中的元件右击菜单中的"复制"和"直接复制"有什么区别呢？复制：复制元件后在舞台上面进行"粘贴"，会产生一个新的相同的对象。修改这个对象，原被复制的对象也随之改变。

直接复制：会弹出一个对话框，单击"确定"按钮后也会产生一个新的相同的对象，修改这个对象，原被复制的对象不会改变。

另外，"直接复制"功能还可以从【库】面板右上角的扩展菜单里找到。

图 3-3-18　制作其他按钮

8. 制作"按钮组"影片剪辑

步骤：①按 Ctrl + F8 新建名为"按钮组"的影片剪辑，将【库】面板中的"首页"、"红枣"、"葡萄干"、"核桃"四个按钮拖入场景，使用菜单"修改|时间轴|分散到图层"将按钮分别放置到四个图层上，并重命名图层，使用【对齐】面板将对象对齐并排列；②退回到"场景 1"，新建"导航栏"层，将【库】里的"按钮组"影片剪辑拖动到舞台顶部。效果如图 3-3-19 所示。

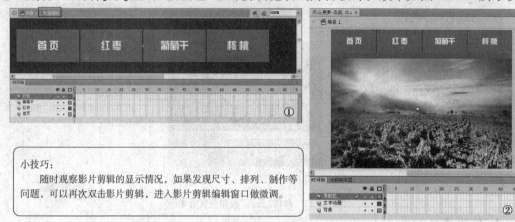

小技巧：

随时观察影片剪辑的显示情况，如果发现尺寸、排列、制作等问题，可以再次双击影片剪辑，进入影片剪辑编辑窗口做微调。

图 3-3-19　制作"按钮组"影片剪辑

9. 为动画添加 Action

步骤：①进入"按钮组"影片剪辑编辑窗口，选中"首页"按钮，在【属性】栏中将"实例名称"改为"btn1"。同理设置其他三个按钮的名称分别命名为 btn2 、btn3 、btn4；②新建层"action"，在第 1 帧上点击鼠标右键，选择"动作"；③在弹出的【动作】面板中输入"action.txt"里的内容；④此时"action"层第 1 帧出现一个"a"标记。效果如图 3-3-20 所示。

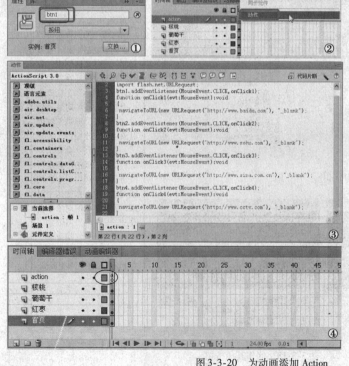

小知识：

Btn是实例的名称，在Flash AS3.0中必须设置，用于区别对象。

onClick是定义的函数，实例引用函数实现函数内定义的内容。

MouseEvent是鼠标触发事件，一般有以下几种：

MOUSE_OVER鼠标移动到目标对象上时触发；

MOUSE_MOVE鼠标在目标对象之上移动时触发，常用于判断拖动操作；

MOUSE_DOWN鼠标在目标对象之上按下时触发；

MOUSE_UP鼠标在目标对象之上松开时触发；

MOUSE_OUT鼠标移动到目标对象之外时触发；

MOUSE_WHEEL鼠标在目标对象之上转动滚轮时触发；

MOUSE_LEAVE当光标离开舞台时触发。

图 3-3-20　为动画添加 Action

10. 测试并将动画发布成网页

步骤：返回主场景，选择"文件|发布设置"，在弹出的"发布设置"对话框左侧选择发布文件的格式为".swf"和"HTML 包装器"。点击对话框下部的"发布"按钮，按照设定发布文件。也可以点击"确认"键后再选择"文件|发布"。回到文件夹查看，发现除了影片源文件（.fla 格式）外，多出了两个文件，一个播放器格式文件（.swf 格式）和一个网页格式文件（.html 格式）。效果如图 3-3-21 所示。

小提示：
本任务文件夹"07拓展训练"中"Adobe Flash Professional发布设置(CS5).htm"文件里有具体说明，大家有兴趣可以自己尝试。

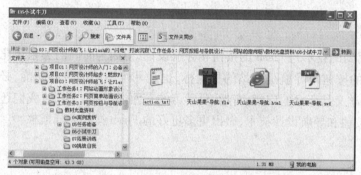

小提示：
虽然在"发布设置"中的HTML包装器中设置了水平、垂直都居中，但网页中显示效果还是水平居左。没关系，后期到网页制作软件Dreamweaver中可以改掉。

图 3-3-21 测试并将动画发布成网页

11. 在浏览器中浏览效果

步骤：点击"天山果果－导航.html"文件，在打开的浏览器中浏览动画，测试超链接，都正常。至此，动画全部完成。效果如图 3-3-22 所示。

图 3-3-22 在浏览器中浏览效果

七、拓展训练

刚才制作完成的是一个比较简单的 Flash 导航栏动画，按钮的"弹起"、"指针经过"和"按下"三个帧的状态都很简单，属于直接变化型。其实我们可以来点"华彩"，稍微修饰一下，使动画上升一个档次。

我们可以对原来的帧内简单的文字或图片做些改变，替换成一段动画的影片剪辑。底色不是一点就变化，而是尺寸、角度、透明度等的逐步变化，也可以添加滤镜效果。图 3-3-23 列出了两个方案，方案 1 是鼠标经过时按钮背景色块放大，方案 2 是图案变模糊了。

图 3-3-23　"天山果果"网站导航另外两种设计方案

八、任务小结

本次任务中我们重点使用到的技术是 Flash 的按钮和导航设计，但因为时间的关系还比较简单。大家应该知道，网页的按钮与导航是网站的指向标，也是一个网站的核心功能，必须重视。何况 Flash 的知识海洋又是那样的广阔、有趣，要学习的东西还很多。为此，我们还要不断地学习、提高 Flash 的按钮和导航设计技术，做出更多更好的 Flash 按钮和导航栏。

九、挑战自我

制作一个简单的个人求职网页导航栏，主要由背景、文字、按钮组成，动画不难，主要考验大家的动画设计和规划能力。效果如图 3-3-24 所示。

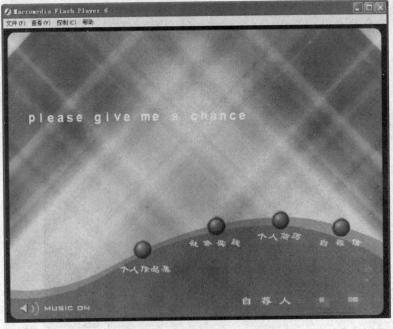

图 3-3-24　个人求职网站导航设计

工作任务 4　网站动画片头设计

学习目标

1. 了解动画片头的设计知识。
2. 理解 Flash ActionScript 的高级应用。
3. 掌握 Flash 遮罩动画的制作。
4. 掌握 Flash 引导动画的制作。
5. 掌握网站片头的设计、测试、发布。
6. 文字动感创意的创新。

一、开篇励志

"生活的美好就在于它的丰富多彩,要使生活变得有趣,就要不断地充实它。"这个名言可以概括为"生活 = 丰富多彩 + 有趣 + 充实",它的意思是说要去体验生活,去做很多有意义的事,去领略生活的美好,去充实自己的人生。

丰富的生活从绘声绘影的动画中也可以体现呢!为了让网页更加丰富多彩,更加吸引人,我们可以用文字、图像、声音、视频等多种方式增强网页的吸引力,让浏览者过目难忘。

二、设计任务

此次的任务是做一个 2013 款雪佛兰迈锐宝 Eco 的宣传短片,浏览者打开网页后先看到的是这样的一段动画,然后再进入真正的主题网页。其实这就是常见的网站动画片头,是 FlashMV 的一种形式。

三、设计知识

(一) Flash 动画片头

1. Flash 动画片头简介

片头原意是指电影、电视栏目或电视剧开头用于营造气氛、烘托气势、呈现作品名称、开发单位、作品信息的一段影音材料。随着电脑的普及特别是多媒体技术的发展,目前片头的概念已经延伸到社会生活的各个领域。如多媒体展示系统、网站、游戏、各类教学课件、DV资料等都离不开片头的制作。由于片头给观众留下的是第一印象,从总体上展示了作品的风格和气势,展现了作品制作水平和质量,因此片头对整个系统具有非常重要的影响。

Flash 动画片头是指在网站或多媒体光盘内容播放之前,运用 Flash 制作的一段诠释主题内容,浓缩企业文化的简短多媒体动画。它具有简练、精彩的特性。一段优秀的 Flash 片头设计,代表了一个可以移动的品牌形象,可以运用在企业对外宣传片、行业展会现场、产品发布会现场、项目洽谈演示文档,甚至企业内部酒会等多个领域。图 3-4-1 是几个 Flash 片头的截图。

图 3-4-1　Flash 片头截图

2. Flash 动画片头设计要点

任何一个风格独特、富于个性化的动画片头都是画面视觉艺术巧妙结合的典范,包含着多方面、多视角的综合知识。但网站片头一般只是起一个引导和展示的作用,其本身并不包含太大的信息量。在其中出现的图片及文字一般都要遵循简洁明了的要求,以便使浏览者直观地认识到所要进入网站的一些主要信息,并通过这些信息加深对此站点的印象。

网站片头短小精悍,其时间大约只有几十秒。但在这短短的时间之内就要表现出网站的精华所在,使浏览者对网站有一个大体的印象和认识。特别要注意,如果时间太长会引起浏览者的疲倦,从而失去等待的耐心。

在网站片头开头最好加一个加载进度条,便于安抚和留住浏览者。还要设计一个能够跳转的网站内页按钮,方便一些不想观看网站片头,需要直接进入网站查找信息的浏览者。图 3-4-2 是 Flash 片头进度条和控制按钮样例。

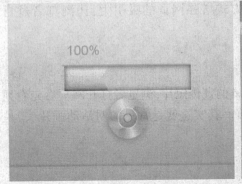 

图 3-4-2　Flash 片头中的进度条和控制按钮

3. Flash 动画片头的设计流程

与海报招贴设计一样,作为动画设计领域的 Flash 片头动画设计制作也有一套比较严格的流程。

(1)动画构思:要把客户提出的笼统的要求细化,提炼出动画的主题,设计出动画的效果。

(2)准备素材:将 Flash 片头动画的内容素材收集在一起,图片、声音、音效、动画主题、文字内容、布局、颜色定位七项元素都确定下来。

(3)动画布局:最好能够手绘动画效果图,再使用软件将图片、文字、颜色摆设到 Flash 场景中,形成平面设计的大致轮廓。图片和文字的效果都事先制作好,矢量素材则在 Flash 中绘制完毕。将动画的显示效果制作成一幅幅平面设计图。

(4)动画制作:将构成平面图中的每一个元素都用时间轴让它动起来(注意每个元素"动"起来的时间先后顺序)。完成一幅平面设计图后可预览该版式。如需要动画的小音效,则可以在该幅平面设计图的动画制作完毕后再加入。

(5)动画拼接:参考传统动画影片制作方式,将一段时间内或一个类型的动画分别放置在不同场景、不同影片剪辑中,并按时间顺序排列好。

(6)动画配乐:动画配乐有两种,一种是背景音乐,一种是声效。一般采用 MP3 格式将配乐导入到动画中,再进行必要设置。

(7)调试动画:导出动画,查看播放过程中是否有不满意的细节。可以通过调试整个影片、单独场景、单独影片剪辑等方式进行查看和修改,直到片头动画播放满意为止。

(8)导出动画:按照 Flash 动画片头的应用环境导出不同的格式。应用于网页常导出为 swf 格式,应用于光盘常导出为 exe 格式,而应用于电视视频常导出为 avi 格式。

(二)动画片头所需的 Flash 技术

前面我们已经学习了不少 Flash 知识了,下面看看制作今天的 Flash 动画片头还需要哪些 Flash 技术。

1. 场景

"场景"就是把时间线隔开的一种方式。按照主题组织影片可以使用场景。Flash 中的场景相当于影视作品中的专业术语"镜头"。一个场景可以理解成一个镜头,当然一个场景里面同样可以做很多分镜出来。将不同地点发生的事情(场景)链接起来就等于一部电影了。

场景的作用其实是方便管理。如果一个动画很长,时间轴很多,甚至需要由多人合作完成时,就可以分场景来做。一个 Flash 影片可以由多个场景构成,每个场景就相当于一个电影片断。在播放包含多个场景的 Flash 影片时,这些场景将按照它们在 Flash 文档的【场景】面板中列出的顺序回放。

Flash 中的每个场景都有独立的时间轴,也就是每个场景的动画是互不影响的。Flash 影片播放的时候是按场景的排序播放的,当然也可以通过 AcitonScript 控制场景的播放(图3-4-3)。

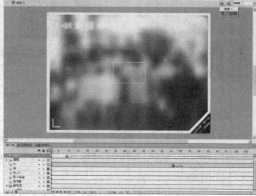

图 3-4-3　Flash 场景的应用

2. ActionScript

最初在 Flash 中引入 AcitonScript(简称 AS,下同)目的是为了实现对 Flash 影片的播放和控制。而 AS 发展到今天,已经广泛地应用到多个领域,能够实现十分丰富的应用,使 Flash 动画更加人性化。

目前 Adobe Flash CS6 采用的 AS 版本是 3.0,相对于之前的版本有本质上的不同。它采用的是功能强大、符合业界标准的面向对象的编程语言。它在 Flash 编程语言中有着里程碑的作用,是用来开发应用程序 RIA 的重要语言。

AS 需要有一定的编程基础,并且要针对 Flash AS 3.0 进行专业的学习。简单的 AS 3.0 代码可以从网上搜索到。

3. 声音

使用 Flash 制作动画时,还可以加入声音。适当的声音可以让动画锦上添花、如虎添翼,更好地表达设计者的意图,令浏览者耳目一新,从而升华动画价值。

Flash 能直接导入的声音文件有 WAV 和 MP3 两种格式。MP3 是使用最为广泛的数字音频压缩格式,体积小且音质好,非常适合网络传播,尤其是适合 Flash 音效设计;WAV 是 PC 标准声音格式,音质一流,但因为无压缩所以体积较大。

Flash 提供了几种使用声音的方法。可以使声音独立于时间轴连续播放,或让动画和一个音轨同步播放。向按钮添加声音可以使按钮具有更强的互动性,通过声音淡入淡出处理还可以使播出的声音更加自然、平滑、优美。

4. 遮罩动画

(1) 遮罩动画的原理

遮罩动画是 Flash 中的一个很重要的动画类型,很多效果丰富的动画都是通过遮罩动画完成的。其实 Flash 中的遮罩和 Fireworks 中"蒙版"类似,都是利用遮罩图层创建,使用遮罩图层后,被遮罩层上的内容就像通过一个窗口显示出来一样。播放动画时,遮罩层上的对象不会显示,被遮罩层位于遮罩层之外的内容也不会被显示。在一个遮罩动画中,遮罩层只能有一个,被遮罩层可以有多个。遮罩动画的原理参见图 3-4-4。

图 3-4-4　Flash 遮罩动画的原理

(2) 遮罩层的作用

在 Flash 动画中,"遮罩"主要有两种用途:一个是用在整个场景或一个特定区域,使场景外的对象或特定区域外的对象不可见;另一个是用来遮罩住某一元件的一部分,从而实现一些特殊的效果。

图 3-4-5 是用遮罩层在文字显示中实现探照灯、彩虹字效果,图 3-4-6 则是用遮罩层实现放大镜效果和特殊的字幕效果。

图 3-4-5　探照灯效果和彩虹字效果

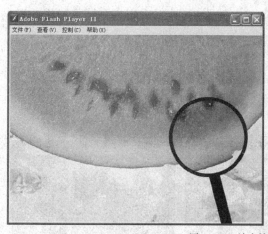 

图 3-4-6　放大镜效果和字幕效果

(3) 制作遮罩动画技巧

因为遮罩层中的对象的许多属性(如渐变色、透明度、颜色和线条样式等)在最终动画中是被忽略的,因此我们不能通过遮罩层的渐变色实现被遮罩层的渐变色变化。但是可以在遮罩层、被遮罩层中分别或同时使用形状补间、动作补间、引导等动画手段,使遮罩动画变成一个可以施展无限想象力的创作空间。

有许多丰富多彩的动画都是遮罩动画,可以从网上下载源文件和教程进行深入研究。

5. 引导动画

(1) 引导动画的原理

引导动画(也称运动引导层动画)是指让运动的对象按照规定的路径(通常是曲线)移动。

引导动画至少要包含两个图层,即引导层和被引导层。引导层就是运动所遵循的路径层,被引导层则放置运动的对象。举个例子,过山车沿着轨道运动,轨道就是引导层,过山车就是被引导层(图3-4-7)。

(2) 引导动画制作要点

引导层通常是一条曲线,如果是多条曲线,则曲线必须连续不能出现断点。被引导层的运动对象必须是元件。

图 3-4-7　Flash 引导动画的原理演示——过山车

被引导层对象的中心点要吸附在引导层上。引导层和被引导层的关系不一定是一对一的关系,可以是一对多的关系,即一个引导层可以引导一个以上的被引导层。

四、案例赏析

本书配套网上教学资源中有部分优秀的 Flash 片头动画源文件供大家分析和学习。

五、任务准备

(一) 设计分析

本次设计任务是制作新款汽车的宣传短片,因此设计要做得比较"酷",又要"雅",于是动画背景采用深灰色。考虑到是片头动画,时间又不能太长,计划采用三个场景制作此网站片头动画。

场景1——序幕:突然撞入的文字,吸引浏览者;

场景2——发展:采用遮罩动画展露部分汽车,引起浏览者好奇心;

场景3——高潮和结局:采用引导层勾勒汽车轮廓,出现广告语。

图3-4-8是本次任务动画场景分解图。

图3-4-8　任务动画场景分解

首先要获得一张角度好、车型酷的汽车图片,其次为了增强动画的效果,还需要加入一些节奏感十足的声效和音乐。

此外,片头动画还要加入两个人性化的按钮。一个是"跳过"按钮,方便浏览者跳过动画直接进入网页;另一个是"声音"按钮,可以控制声音的开关。这两个按钮始终贯穿在影片之中,浏览者随时可以通过按钮操纵动画。

(二)技术分析

使用工具:Flash CS6。

使用技术(图3-4-1):

本次设计任务采用的技术一览表　　　　　　　　　表3-4-1

序号	技　　术	难度系数
1	文字多种动画效果	★★★☆☆
2	场景的运用	★☆☆☆☆
3	遮罩动画的制作	★★★☆☆
4	引导动画的制作	★★★☆☆
5	AS实现按钮对动画的控制	★★★☆☆
6	声效的使用和设置	★★★★☆
7	动画片头的发布设置	★★☆☆☆

(三)素材搜集

找一张超酷的汽车图片不难,而且要找一张背景简单的图片,免得喧宾夺主。至于生动的音效和动感的背景音乐,可以从提供音效素材的网站或网页设计师平时积累的素材中去寻找。

图3-4-9显示的是任务动画的素材。

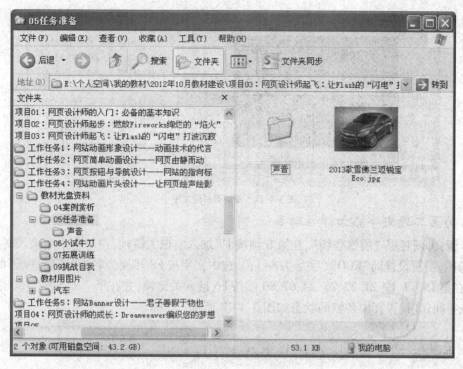

图 3-4-9　任务动画素材

六、任务开展

1. 新建 Flash 文档,并设置文档尺寸及舞台颜色、背景图片

步骤:新建 Flash 文档,保存名为"网站片头动画设计——2013 款雪佛兰迈锐宝 Eco. fla",设置舞台大小为 600×400 像素,舞台颜色为灰色(#333333),其他不变。

2. 添加第一段文字

步骤:①将第一层更名为"ECO",分别输入两段文字"2013 款"和"雪佛兰迈锐宝 Eco", 其中文字大小分别为 31 和 41;②同时选中两段文字按 F8,转换为名为"ECO"的图形元件; ③选中舞台上的"ECO"元件,旋转成图 3-4-10 所示角度,放置在舞台左上角。

小提示:
　　将对象变形可以使用菜单法、面板法、工具栏法。
菜单法:"修改|变形";
面板法:【变形】面板;
工具栏:"变形"工具。

图 3-4-10　添加第一段文字

3. 为第一段文字添加动画

步骤:①分别在第 8、67、80 帧添加关键帧,并在第 1~8 帧之间,第 67~80 帧之间创建传统补间;②将第 1 帧的元件放大为 350%,Alpha 为 10%;③选中第 80 帧,将元件 Alpha 降低为 0;④选中第 1 帧,将缓动值调整为"-100"。如图 3-4-11 所示。

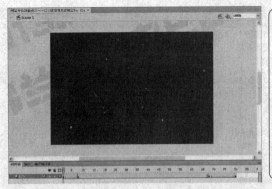

小提示：
· 网站动画片头一般都需要绚丽的效果，因此帧频最好选择24FPS。
· 如果文字的动画不同，那么就应该分成几个单独的对象做动画。
· 完成一个层的动画操作后，别忘记将层锁定，防止不小心的修改。

图 3-4-11　添加第一段文字

4. 为第二段文字添加弹性动画

步骤：①新建层"震撼登场"，在第 8 帧按 F7 加入空白关键帧，在舞台中间输入文字"震撼登场！"，字符设置同"ECO"（字号为 84）；②选中文字按 F8 转换为名为"震撼登场"的图形元件；在第 15、17、19、21、22、23、24、67、80 帧按 F6 插入关键帧，并在第 7～15、67～80 之间创建传统补间；③设置其中各帧的状态如图 3-4-12 所示。

小提示：
第7帧：对象放大到350%、Alpha值为0，帧缓动值为–100；
第15、19、22、24、65帧：无设置；
第17帧：对象放大到120%；
第21帧：对象放大到110%；
第23帧：对象放大到105%；
第80帧：对象Alpha值为0。

图 3-4-12　为第一段文字添加动画

5. 将所有层的动画延长至 85 帧

步骤：按住 shift 同时选中两层的第 85 帧，按 F5。效果如图 3-4-13 所示。

图 3-4-13　将所有层的动画延长至 85 帧

6. 添加新场景——场景 2，此场景将制作遮罩动画

步骤：选择菜单"插入 | 场景"，插入新的场景——场景 2，并且自动跳转到场景 2 编辑环境下，如图 3-4-14 所示。

小提示：
如果想要修改场景，可以使用【场景】面板。还可以通过菜单"窗口 | 其它面板 | 场景"打开，也可以通过点击面板组上"场景"按钮。

图 3-4-14　添加新场景——场景 2

7. 分别制作被遮罩层和遮罩层的基本对象

步骤：①新建层"底图"，选择"文件|导入|导入到舞台"，将"05 任务准备"文件夹中的"2013 款雪佛兰迈锐宝 Eco.jpg"图片导入到舞台，并使用【对齐】面板使垂直、水平方向都居中，将帧适当延长至 150 帧；②新建层"遮罩"，在舞台左侧绘制一个无边框的圆形，颜色随意，并将其转换为名为"遮罩"的图形元件，在该层时间轴上间隔 20 帧左右按 F6 插入关键帧，共插入关键帧 6～7 个，并拖动关键帧里的遮罩图形元件，让它位于汽车的不同位置；让遮罩元件位于汽车标志部位（本例位于第 105 帧）。效果如图 3-4-15 所示。

小提示：
为什么遮罩层对象的颜色可以随意设置？因为遮罩层最终不显示在动画中，只有透明的形状，因此无所谓颜色。

图 3-4-15　分别制作被遮罩层和遮罩层的基本对象

8. 修改遮罩层与被遮罩层对象属性

步骤：①在第 112、120 帧按 F6 添加关键帧，将 112 帧的缓动值设置为"－100"；②选中 120 帧舞台上的"遮罩"元件，在【变形】面板中将其放大至舞台上底图汽车完全被遮挡，本例中缩放为 832%，将两层的帧数都延长到 160 帧，如图 3-4-16 所示。

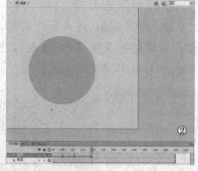

小技巧：
要学会灵活运用 Flash 编辑栏右侧的"试图比例"框。如感觉舞台显示不够大，可以调整此数值。当然也可以缩小。

图 3-4-16　修改遮罩层与被遮罩层对象属性

9. 生成遮罩动画

步骤：①在"遮罩"层上点击鼠标右键，选择"遮罩层"；②此时图层面板有了变化，两个图层都被锁定了，而舞台也出现了巨变，只有部分汽车图像露在外面，其他部分则被遮挡了，由此遮罩动画生成。效果如图 3-4-17 所示。

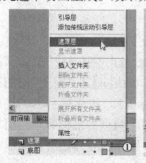
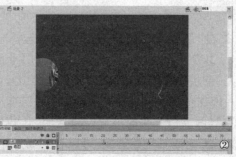

小提示：
遮罩动画一定要注意两个图层的顺序，透过 A 形状看到 B 景象。A 在上，B 在下。此例中圆形在上，汽车在下。

图 3-4-17　生成遮罩动画

10. 绘制汽车闪光走动轮廓曲线

步骤：①选择菜单"插入|场景"，插入新的场景——场景3；②将图层名称修改为"底图"，导入图片"2013款雪佛兰迈锐宝Eco.jpg"，并设置垂直、水平方向都居中，将帧延长至105帧；③新建层"引导线"，选择"直线工具"（颜色随意），在舞台上沿着汽车上部的轮廓绘制直线（注意直线要首尾相连，不能断）；④选择"选择工具"，逐个在直线上微微拖动，将直线改变为曲线。效果如图3-4-18所示。

> 小技巧：
> 遮罩和引导层虽然不出现在最终动画中，但为了设计时方便一般采用与底图颜色对比大的颜色，如本例的绿色。

图3-4-18 绘制汽车闪光走动轮廓曲线

11. 制作闪光动画

步骤：①新建层"闪光"，在舞台中选择【工具】的"多角星形工具"，设置属性线条为无色；使用【颜色】面板设置颜色值，再次点击【属性】面板底部的"选项"按钮，进入"工具设置"对话框，设置形状样式"星形"、边数"8"、顶点大小"0.2"；②在舞台上绘制星形，然后选中星形，按F8转换为"闪光"影片剪辑，进入影片剪辑，再次选中舞台中的对象按F8转换为"光"图形元件；③在影片剪辑的第5帧按F6插入关键帧，选中第5帧里的图形元件，在【属性】栏将其Alpha值调整为0，第10帧按F5延长帧。效果如图3-4-19所示。

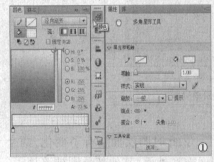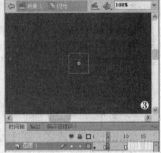

图3-4-19 制作闪光动画

12. 制作引导动画

步骤：①退回到场景3，在"引导线"层上点击鼠标右键选择"引导层"；②此时"引导线"层前面的层图标变成了 ；③将"闪光"层拖动到"引导线"层下面，此时"引导线"层前面的层图标变成了 ，且"闪光"图层明显缩进排版，形成了整套引导动画组；④在"闪光"层的第105帧按F6添加关键帧并创建传统补间；选中第1帧，使用"选择工具"按住舞台上的星形中心点拖动，直到吸附到引导线左侧开头的位置；⑤同理也把第105帧里的星形吸附到引导线右侧结尾处；⑥按"回车"键，时间轴开始播放，可以看到场景中星形已经开始沿着曲线运动了。效果如图3-4-20所示。

小提示：
引导动画要想成功，要注意以下几点：
· 图层顺序必须正确，即引导层在上，被引导的对象层在下。
· 检查一下Flash【工具箱】选择"选择工具"时底部的"紧贴至对象"按钮是否按下。

· 要注意对象是否吸附在引导线上，拖动的时候要按住对象中心（黑色圆圈处）。
· 曲线必须是从头到尾连续的，不能有断点。如果发现断点，可以使用"选择工具"更改线条末端位置使曲线连接在一起。

图 3-4-20 制作引导动画

13. 修饰引导动画效果

步骤：①选中"闪光"层的第 1 帧，设置帧属性中旋转值为顺时针，3 次；②在第 10、95 帧上按 F6 插入关键帧，并在第 1～10、95～105 帧之间创建传统补间，再将第 1、105 帧上的"闪光"影片剪辑对象的 Alpha 值设置为 0；③按 Ctrl + Alt + Enter 在 Flash 播放器中浏览动画的场景 3，可以看到星形已经沿着汽车轮廓运动了（图 3-4-21）。

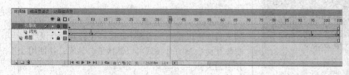

小提示：
Flash以前的版本里面是通过引导层控制物体的运动路径的，CS4之后新版的动画里面可以直接编辑运动路径。

图 3-4-21 修饰引导动画

14. 为影片添加声音

步骤：①点击编辑栏上"编辑场景"按钮，选择"场景1"回到场景1，选择"文件|导入|导入到库"，将"05 任务准备"文件夹里所有声音导入到库，新建层"声音"；②选中第 1 帧，将【库】中的"掠过.mp3"拖动到舞台任意位置放开，此时时间轴的"声音"层上出现波形图，声音加入成功，也可以在【属性】中更改声音的详细设置；③同理，切换到"场景 2"，新建"声音"层，在此层的第 1 帧插入声音"计时.mp3"，声音同步设置为"数据流"，在 112 帧插入声音"啪.mp3"，声音同步设置为"数据流"；④切换到"场景 3"，新建"声音层"，在 1 帧插入声音"节奏.mp3"，声音同步设置为"数据流"（图 3-4-22）。

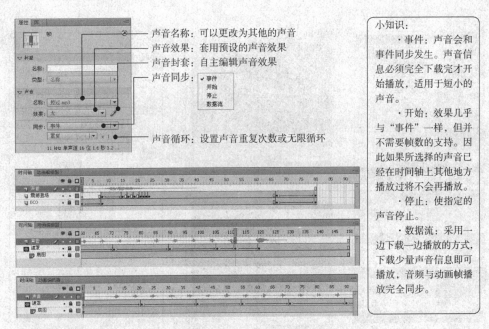

图 3-4-22 为影片添加声音

15. 制作"跳过片头"按钮

步骤：①选择"窗口|公共库|buttons"，在【公共库】中找到如图 3-4-23 形状的 Play 按钮；②按住鼠标将其拖动到正在编辑的动画库中；③双击【库】里的"Play"按钮，进入按钮编辑窗口，查看各层对象，并重新将层命名，将按钮文字改为"跳过片头"，字体为"微软雅黑"，"圆形"层的"弹起"帧颜色更改为#666666。效果如图 3-4-23。

图 3-4-23 制作"跳过片头"按钮

16. 添加带 ActionScript 的"跳过片头"影片剪辑

步骤：①新建影片剪辑"跳过片头"，将其图层 1 改名为"按钮"，将【库】中的"Play"按钮拖动到舞台中间，并在【属性】设置实例名称为"btn_skip"；②新建层"AS"，在第 1 帧上点击鼠标右键选择"动作"，在【动作】面板输入图 3-4-24 中的代码。

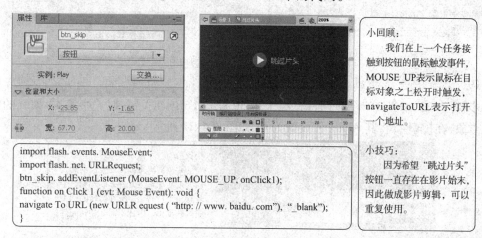

小回顾：
我们在上一个任务接触到按钮的鼠标触发事件，MOUSE_UP 表示鼠标在目标对象之上松开时触发，navigateToURL 表示打开一个地址。

小技巧：
因为希望"跳过片头"按钮一直存在在影片始末，因此做成影片剪辑，可以重复使用。

```
import flash.events.MouseEvent;
import flash.net.URLRequest;
btn_skip.addEventListener (MouseEvent.MOUSE_UP, onClick1);
function on Click 1 (evt: Mouse Event): void {
navigate To URL (new URLR equest ( "http: // www.baidu.com"), "_blank");
}
```

图 3-4-24　添加带 ActionScript 的"跳过片头"影片剪辑

17. 将"跳过片头"影片剪辑复制到各个场景上

步骤：①返回到"场景 1"，新建层"跳过片头"，将【库】中的"跳过片头"影片剪辑拖动到舞台左上角；②选择"跳过片头"层，点击鼠标右键选择"拷贝图层"，切换到"场景 2"，选择最上方的层"声音"，点击鼠标右键选择"粘贴图层"，并将新粘贴的图层的帧延长拖动到 150 帧；③同理，将"跳过片头"层复制并粘贴到场景 3，且将帧数延长与其他层一致。效果如图 3-4-25 所示。

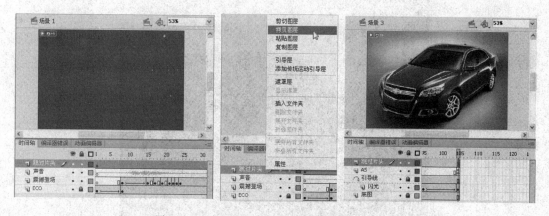

图 3-4-25　将"跳过片头"影片剪辑复制到各个场景上

18. 制作广告语抖动动画

步骤：①在"场景 3"新建"广告语"层，在此层的第 40 帧按 F7 插入空白关键帧，分别输入两段文字"流线设计"和"高效低耗更出众"；②设置文字属性，其中字体为方正粗倩体，字体大小为 24；③同时选中两段文字，按 F8 转换成名为"广告语"的影片剪辑，双击进入影片编辑窗口，将图层 1 更名为"文字"，连续按 4 次 F6 添加关键帧，逐个将每帧上的对象任意方向微调 2 个像素。效果如图 3-4-26 所示。

125

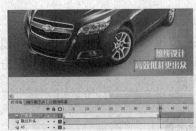  

图 3-4-26　制作广告语抖动动画

19. 修饰广告语动画，形成淡出效果

步骤：返回"场景3"，在"广告语"层上第 50 帧按 F6 创建关键帧，选中第 40 帧上的影片剪辑对象，在【属性】将其 Alpha 值设置为 0（如图 3-4-27 所示）。

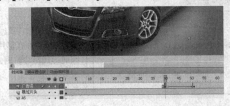

小技巧：
影片剪辑里如果还要做动画，就要把对象转为元件，而左侧这个步骤，"广告语"影片剪辑的动画是逐帧动画，因此不需要在转元件。

图 3-4-27　修饰广告语动画，形成淡出效果

20. 保存、导出动画

步骤：选择"文件|发布设置"，在弹出的"发布设置"对话框左侧选择发布文件的格式为".swf"和"HTML包装器"，点击对话框下部的"发布"按钮，按照设定发布文件。也可以点击"确认"键后，再选择"文件|发布"。查看导出的 html 文件效果，如图 3-4-28 所示。

图 3-4-28　保存、导出动画

七、拓展训练

由于篇幅和时间的限制，今天的网站片头设计尚不完善。例如，只有一个可以控制影片播放的"跳过"按钮，缺少一个控制声音的按钮。如果为这个片头做一个这样的按钮，简单的只需要控制声音的开关，稍微复杂点的可以控制声音的同时切换自身显示开或关的状态，更

完美的除了控制声音开关还可以控制声音的大小。

图 3-4-29 是任务动画的素材。

图 3-4-29 任务动画素材

八、任务小结

通过这次的网站片头设计,我们对 Flash CS6 软件有了更深一步的了解。Flash 是一个功能强大的动画创作工具,仅仅掌握一些表面知识是远远不够的。想要更加熟练和灵活地运用它,我们还需要补充更多的专业知识,同时注重审美观的培养,开拓自己的视野,不断加强创新意识。只有在实践中不断探索和总结,并且不断激发自己的想象力和创意,才能逐步提高自己的创作水平,进而制作出优秀的作品。

九、挑战自我

图 3-4-30 是一个学校共青团网站的动画,左侧团徽处是发光的光晕以及绕团徽闪动的光晕,右侧是内部有"反光"不断左右运动的文字。想想看这个片头怎么做?

还能不能改进一下,加入控制按钮呢?

图 3-4-30 一个学校共青团网站动画

工作任务5　网站广告条设计

  学习目标

1. 了解动画辅助软件的类型。
2. 掌握硕思闪客之锤的使用方法。
3. 掌握 FlashPaper 软件的使用方法。
4. 掌握硕思闪客精灵的使用方法。
5. 掌握 Swish 的使用方法。
6. 掌握 SwfText 的使用方法。
7. 掌握各种动画辅助软件与 Flash 的协作方法。
8. 灵活综合运用辅助软件。

一、开篇励志

"善假于物"出自《荀子·劝学》,意为君子的资质与一般人没有什么区别,君子之所以高于一般人,是因为他能善于利用外物。善于利用已有的条件,是成功的一个重要途径。

制作动画也需要有"君子善假于物"的精神。在尊重原作的基础上,学习并"取之有道",是网页设计师的必修课。

二、设计任务

今天的任务是使用 Flash 下载软件从互联网上下载一个 Flash 动画,再使用 Flash 破解软件获取它的部分素材,最后使用 Flash 制作辅助软件重新制作一个网站的广告条。

友情提示:只是训练,绝不侵权哦!

三、设计知识

(一)FlashPaper——文档转换为 Flash 利器

图 3-5-1　FlashPaper 界面

FlashPaper 是 Macromedia 公司推出的一款电子文档类工具,可以将需要的文档通过简单的设置转换为 swf 格式的 Flash 动画,原文档的排版样式和字体显示不会受到影响。这样做的好处是不论对方的平台和语言版本是什么,都可以自由的观看你所制作的电子文档动画,并可以进行自由的放大、缩小和打印,翻页等操作,对文档的传播非常有好处。图 3-5-1 是 FlashPaper 的界面。

(二)Flash Hunter——Flash 猎手

Flash Hunter 可以轻松方便地把在网上看到的 Flash 动画抓下来,保存到硬盘中。它还可以扫描浏览过的 Flash 动画,并自动识别代理服务器设置。

图 3-5-2 是 Flash Hunter 的界面。

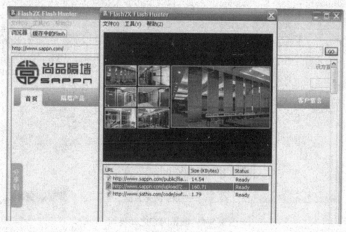

图 3-5-2　Flash Hunter 界面

(三) 硕思闪客精灵——淘到你要的素材

硕思闪客精灵是一款先进的 shockwave Flash 影片反编译工具,它不但能捕捉、反编译、查看和提取 shockwave Flash 影片(.swf 和.exe 格式文件),而且可以将 SWF 格式文件转化为 FLA 格式文件。它能反编译 Flash 的所有元素,并且支持动作脚本 AS 3.0。硕思闪客精灵还提供了一个辅助工具——闪客名捕,它是一个网页 SWF 捕捉工具。当用户在浏览器中浏览网页时,可以使用它捕捉 Flash 动画并保存到本地。图 3-5-3 是硕思闪客精灵的界面。

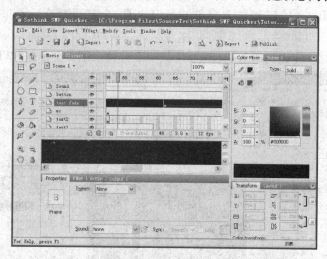

图 3-5-3　硕思闪客精灵界面

(四) 硕思闪客之锤——反向解析巧匠

硕思闪客之锤是一款具有专业水准的动画制作工具。它支持图形设计、运动动画、引导线、遮罩效果、流声音和事件声音、帧标记、设置电影剪辑、按钮等。当用户缺乏创意的时候,可以使用闪客之锤提供的 80 多种动作特效以及各种类型的文字特效,制作出更专业的动画,并可以给效果添加动作脚本,使动画更生动。该软件自带的捕捉器可以捕捉到网页中的任何 Flash 文件,并将其保存到本地硬盘中。可以将捕捉到的 swf 文件导入到闪客之锤中,大多数可以再修改。图 3-5-4 是硕思闪客之锤的界面。

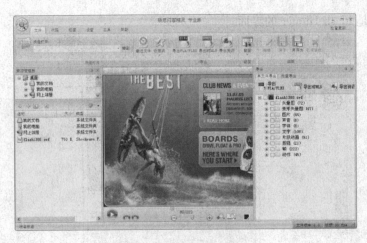

图 3-5-4　硕思闪客之锤界面

(五) SWISH——1 秒钟变 Flash 高手

SWISH 是一个快速、简单的 Flash 动画制作软件。只要点几下鼠标,SWISH 就可以生成令人注目的酷炫动画效果,并创造形状、文字、按钮以及移动路径。可以选择内建的超过 150 种诸如爆炸、漩涡、3D 旋转以及波浪等预设的动画效果。可以用新增动作到物件,建立自己的效果或制作一个互动式电影。

SWISHmax(SWISH 最新版本,即 SWISH3)操作方便,可轻易地在短时间内制作出复杂的文本、图像、图形和声音的效果。SWISHmax 用来创建直线、正方形、椭圆形、贝塞尔曲线、动作路径、精灵、rollover 按钮和导入表单的所有工具,全都囊括在一个非常容易使用的界面里。

Flash 半个小时才能做到的效果,SWISH 只要 1 分钟。图 3-5-5 是 SWISH 的界面。

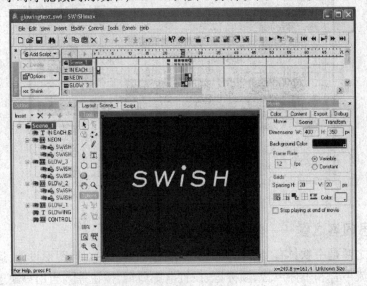

图 3-5-5　SWISH 界面

(六) swftext——傻瓜式的动画工具

swftext 是一款非常棒的 Flash 文本特效动画制作软件,内置了 27 种背景特效、155 种文本效果,可以制作超过 200 种不同的文字效果和 20 多种背景效果,完全自定义文字属性,包括字体、大小、颜色等。swftext 堪称制作 Flash 特效文字的"傻瓜式"软件,只要用户根据导航栏中的项目顺序进行操作就能轻松制作出 Flash 动画。使用 swftext 完全不需要任何的 Flash 制作知识就可以轻松地做出专业的 Flash 广告条。图 3-5-6 是 swftext 的界面。

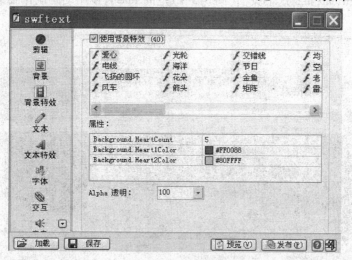

图 3-5-6　swftext 界面

四、案例赏析

本书配套网上教学资源中有综合运用以上介绍的软件制作的广告条动画可供借鉴。

五、任务准备

(一)设计分析

想做一个新疆旅游主题的广告条,背景肯定是美丽的新疆风景了。我们从别的网站上找几张能够代表新疆美景的图片,使用动画下载工具将原动画下载,再使用动画解析工具得到动画中的图片。

使用 SWISH 制作动画,给图片添加淡入淡出、切入切出等效果。然后加入主题文字:"随心而行 大爱新疆 逍遥之旅"和"一生中必去的地方",这两段文字最好采用 SWISH 或 swftext 软件制作,轻松又简单。

(二)技术分析

使用工具:Flash CS6。

使用技术(表3-5-1):

制作广告条采用的技术　　　　　　　　　表3-5-1

序号	技　　术	难度系数
1	使用 Flash Hunter 下载动画	★☆☆☆☆
2	使用硕思闪客精灵获取动画里的素材	★★★☆☆
3	使用 swftext 制作一个简单的广告条	★★☆☆☆
4	使用 SWISH 制作一个复杂的广告条	★★★★☆
5	动画辅助软件与 Flash 的协作	★★★☆☆

（三）素材搜集

应此次任务主题的要求，我们需要搜集一些关于新疆旅游的图片资料。目标是下载 http://www.xjnewtour.net/这个页面（图3-5-7）里的Flash，使用动画制作辅助软件从里面获取图片素材。

图3-5-7　具有动画素材的页面

六、任务开展

1. 使用Flash Hunter下载网页中的Flash动画

步骤：①安装好Flash Hunter软件，点击图标，进入软件界面，在"网址填写处"填入要截取的网页地址 http://www.xjnewtour.net/，"回车"或按"GO"；②网页出现在软件界面下方，并且弹出一个对话框，呈现的是解析出来的Flash动画列表，第一个就是我们要的动画。选中此条Flash，点击"Save as"按钮，把动画存在本机上，名为"xj.swf"（如图3-5-8所示）。

小知识：
　　浏览过的网页上的Flash其实被保存在系统的临时文件夹中，可以通过浏览器的"工具 | Internet选项 | 浏览记录 | 设置 | 查看文件"查找Flash文件。

图3-5-8　使用Flash Hunter下载网页中的Flash动画

2. 使用硕思闪客精灵分解动画里的素材

参考步骤：安装好"硕思闪客精灵"，点击图标进入软件界面，在左侧的资源管理窗口中依照保存路径打开刚才下载的"xj.swf"。此时在"动画预览窗格"可以预览要解析的 Flash 动画，而右侧则出现了可以导出的资源列表（如图3-5-9所示）。

图3-5-9　使用硕思闪客精灵分解动画里的素材

3. 导出动画里的图片素材

步骤：①选择"图像"里的所有图片，点击"导出资源"按钮；②把这个动画里的所有图片都导出到指定的目录中；③打开相应的文件夹，可以看到已经导出了两张图片，以"image13.jpg"为目标，此图片的尺寸为1024×330像素（如图3-5-10所示）。

图3-5-10　导出动画里的图片素材

4. 使用 swftext 制作一个简单的广告条，设置广告条尺寸

步骤：安装 swftext，点击图标进入软件界面。在左侧选择"剪辑"，设置宽度为1024，高度为330，其他设置如图3-5-11所示。

5. 设置动画的背景为图片"image 13.jpg"

步骤：①选择"背景"选项，点击"图像"里的"浏览"按钮，指定图片"image13.jpg"的地址，其他参数保持不变；②可以看见"剪辑预览"窗口中出现了初步效果（如图3-5-12所示）。

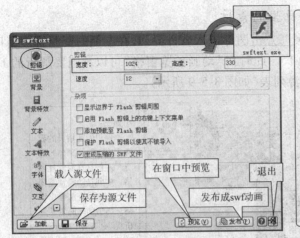

小提示：
　　使用swftext制作动画也同样要注意保存好源文件，swftext的源文件格式是".ini"。
　　以后需要再次编辑动画，可以使用软件界面中 加载 按钮加载源文件。
　　而 发布 按钮是将动画发布成".swf"文件，也就是我们经常使用的动画播放文件格式。还可以通过"杂项"设置更多的属性。

图 3-5-11　使用 swftext 制作一个简单的广告条,设置广告条尺寸

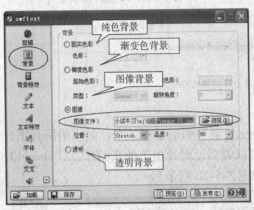

小提示：
　　如果在"剪辑"项目中动画的尺寸没有设置好，"剪辑预览"窗口看到的背景就会变形。

图 3-5-12　设置动画的背景为图片"image 13.jpg"

6. 设置动画的背景特效

步骤：选择"背景特效"项目，在"背景特效"列表中选择"树叶"特效，并可以继续在下部的"属性"中调整特效的参数（如图 3-5-13 所示）。

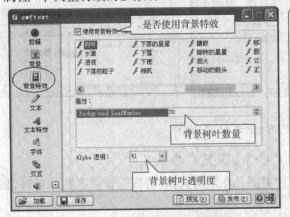

小提示：
　　要是用swftext的背景特效，必须勾选右上角的"使用背景特效"，可以设置37种背景特效。还可以调整特效下方的属性参数，达到更多的效果。例如，此时的属性单数表示背景树叶的数量为20，如果你想要更多的树叶，就将"20"改为更大的数值；而Alpha值表示透明；delay表示延时；等等。

图 3-5-13　设置动画的背景

7. 为动画添加文字并设置文字样式

步骤：①选择"文本"项目，点击 添加 按钮，在弹出的"输入文本"对话框中输入第一段

文字"随心而行 大爱新疆 逍遥之旅",点 确定 。同理再添加第二行文字"一生中必去的地方";②选择"字体"项目,设置字体属性;③可以看见"剪辑预览"窗口中出现了初步效果(如图3-5-14所示)。

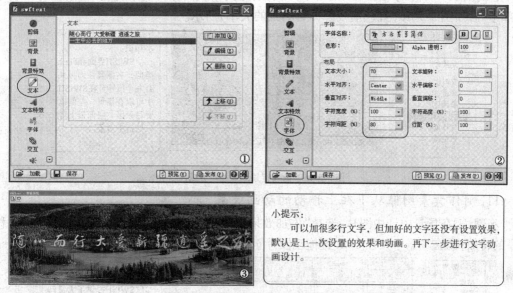

图3-5-14 为动画添加文字并设置文字样式

8. 保存swftext源文件,发布动画格式

步骤:①选择"swftext"界面下方的 保存 ,将动画保存到本地电脑中;②再选择 发布(P) ,将动画发布为swf文件格式。

9. 打开"SWISH max"软件,设置动画影片基本参数

步骤:①点击"SWISH max"图标,进入软件界面,②在初始界面上【您要做什么】对话框点击"开始创建一个空影片",在右侧的【影片】面板中设置影片参数;③点击【工具箱】中"适合场景于窗口"按钮,使场景的大小自动调整到最合适的状态(如图3-5-15所示)。

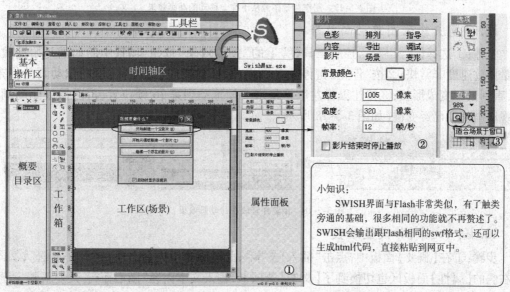

图3-5-15 打开"SWISH max"软件,设置动画影片基本参数

135

10. 插入背景图像并设置属性

步骤：①点击【工具栏】中的"插入"按钮，选择"图像"，定位图像地址，将图片插入到场景中；②按住 Shift 键拖动图片四角的小方块，按比例缩放图像与场景宽度一样，顶部与场景顶部平齐，如图 3-5-16（红色虚线部分是场景的大小）所示。

小知识：
SWISH界面和Flash类似，右侧属性面板共有九个按钮。在SWISH中可以在场景、左侧概要目录区、层面板上等三处选中对象。

图 3-5-16　插入背景图像并设置属性

11. 制作背景图像从下往上移动的动画效果

步骤：①在场景中选中图片，选择"添加效果 | 移动"，此时时间轴区出现了一段名为"移动"的特效；②在场景中按住 Shift 键拖动图片至图片底部与场景底部平齐（如图 3-5-17）。

小知识：
SWISH提供了大量已经制作好的特效效果，制作者只需要选中影片场景中的对象，添加即可。

小提示：
点击时间轴左侧的"添加效果"按钮，点开旁边的下拉三角就看到弹出一级菜单面板，再点开有下拉三角的按钮，会看到令人眼花缭乱的二级菜单，SWISHmax共有230个自建特效。

图 3-5-17　制作背景图像从下往上移动的动画效果

12. 预览并修改图片动画效果

步骤：①选择【工具栏】"控制工具栏"上的"播放效果"按钮，场景中的动画开始播放，但是播放速度非常快；②按"停止"键停止动画播放，鼠标指向【时间轴】里图像动画的最末帧，直到鼠标变成形状；③按住鼠标左键将最末一帧拖动到第 30 帧位置，再次播放此动画，发现动画速度已经变慢（如图 3-5-18 所示）。

 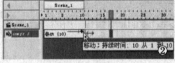 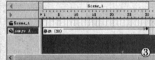

图 3-5-18　预览并修改图片动画效果

13. 插入文字，并设置参数

步骤：①在【概要】面板中，点击"插入 | 文本"，此时画布中央会出现一个"文本框"；②同时右侧的【属性】面板区也切换到了【文本】选项卡，输入文本内容"随心而行　大爱新疆　逍遥之旅"，并设置文本属性（如图 3-5-19 所示）。

图 3-5-19 插入文字,并设置文字动画参数

14. 为文本添加动画效果

步骤:①在【层】面板中选中文本,点击"添加效果"按钮;②选择"显示到位置|前来|你好你好"效果;③并在【时间轴】上选择文本的动画帧段,双击,在弹出的对话框中设置动画效果的详细参数;④查看此时场景中动画效果(如图 3-5-20 所示)。

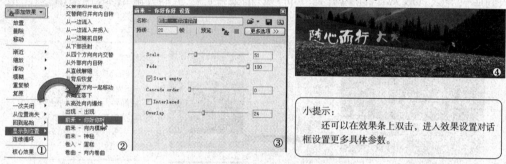

图 3-5-20 为文字添加动画效果

15. 添加第二张图像和第二段文字,并为之添加特效

步骤:①插入图像"image 13.jpg",添加"渐进|淡入"效果,并将效果设置为 30 帧;②添加文本"一生中必去的地方",添加"连续循环|高兴地跳起来"效果,并将效果设置为 30 帧;③此时的【时间轴】面板如图 3-5-21 所示。

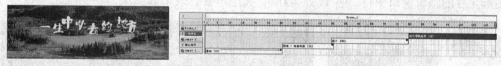

图 3-5-21 添加第二张图像和第二段文字,并为之添加特效

16. 预览整个动画,保存源文件,导出 swf 文件

参考步骤:①选择"文件|保存",将动画保存为 SWISH 源文件格式".swf";②再选择"文件|导出|SWF",将动画保存为 swf 文件格式,并取名为"top.swf"。如图 3-5-22 所示。

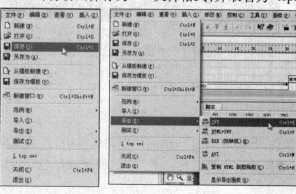

小知识:
可以为同一个对象添加多个动画效果,只要在时间轴上拖动效果段修改其出现的顺序和间隔时间即可。
SWISH除了可以导出最常见的动画格式swf,还可以导出网页html格式和可执行文件exe格式,甚至视频文件avi格式。

图 3-5-22 保存源文件,导出 swf 文件

七、拓展训练

swftext 软件和 SWISH 虽然能够很快捷地制作动画,但是却不能灵活的支持声音和多媒体文件。此外,两个软件对文字效果的支持也不够。Flash 则可以利用打散文字做很多诸如描边、色彩、更改外观等丰富的显示效果。可以将 swftext 和 SWISH 做出的 swf 动画导入到 Flash 中(你还可以惊喜的发现,Flash 贴心地保留了每个元件)修改元件里的文字样式。

1. 将刚才用 SWISH 导出的"top.swf"导入到 Flash 中

步骤:①打开 FlashCS6,新建一个 1005×320px 的舞台,并设置画布色为黑色,保存为"top2.fla";②新建一个名为"top"的影片剪辑元件,双击进入此影片剪辑,选择"文件|导入|导入到库",导入"top.swf",可以看到"top.swf"的元件已经全部分解出来,包括图像、图形元件、影片剪辑元件等(如图 3-5-23 所示)。

小技巧:
Flash 中的场景要设置的和 SWISH 中一样大,并且最好导入 swf 文件到一个影片剪辑中,而不是直接导入场景,方便修改。

图 3-5-23　保存源文件,导出 swf 文件

2. 修改元件中"爱"字的颜色

步骤:①在【层】面板查看 top 影片剪辑元件;②找到内容为"爱"的图形元件,双击打开,在图形元件的编辑窗口中将"爱"设置为红色,其他不变。效果如图 3-5-24 所示。

图 3-5-24　修改文件中"爱"字的颜色

3. 将影片剪辑拖动到场景中,保存动画

步骤:①退出影片剪辑,回到场景;②将库里的"top.swf"拖到场景中,并设置顶对齐方式;③保存源文件,并导出动画;④预览动画可以看到,"爱"字已经变成红色(如图 3-5-25 所示)。

小提示：

可以看到导入的swf文件。Flash无法还原动画的层和帧，只能转成逐帧动画。

由Flash改造后的动画播放速度明显比SWISH动画速度要快。这就提醒我们，在Swish中制作动画可以把帧频设置大一些，如原来的12帧每秒可以提高为24帧每秒。

图 3-5-25　将影片剪辑拖动到场景中，保存动画

八、任务小结

　　Flash 虽然经过多次升级，但在功能上还是有很多局限性。于是"闪迷"的世界里出现了很多 SWF 开发软件、插件或外挂程序，利用它们可以轻松完成复杂漂亮的 Flash 作品，把 Flash 的功能发挥到极致。

　　通过练习，大家会发现今天介绍的这几款软件各有所长，使用便捷。更可贵的是，它们还能够与 Flash 配合使用。

九、挑战自我

　　登陆"新疆人事考试中心" http://www.xjrsks.com.cn/，查看此 Banner（图 3-5-26），综合运用以上工具仿作一个。

图 3-5-26　新疆人事考试中心网站 Banner

项目4 网页设计师的成长

工作任务1 简单网站图文设计

 学习目标

1. 了解 Dreamweaver 基本功能。
2. 了解 HTML 的基础知识。
3. 理解站点的定义。
4. 掌握设置文本格式的基本操作。
5. 掌握网页中图片的使用技巧。
6. 简单文字滚动效果实现的创新。

一、开篇励志

俗话说"千里之行,始于足下",当你还在以敬仰的眼光欣赏着形形色色的主页时,不如放低姿态,自己动手做一个简单的网页吧,这样你会很快获得前所未有的成就感。

二、设计任务

想要成为一名网页设计师,基本理论知识是必不可少的。这次学习 Dreamweaver 的简单功能,掌握基本要点,用文字和图片设计一个简单网页。俗话说"麻雀虽小五脏俱全",简单的网页同样具备一个主页所涉及的所有知识点,如定义站点、设置文件头、定义关键字等。

新疆地大物博,作为新疆人你是否为新疆的美景感到骄傲呢?如果让你做一个简单的新疆风光介绍,你会选择哪些美景呢?这次就来做一个新疆著名景点介绍的主页。主页中包括文字和图片,简单的文字介绍和精美的图片合理搭配一定能够抓住浏览者的心。

动手之前,让我们先来学习一些基本的 HTML 语言。

三、设计知识

(一)认识 Dreamweaver

Dreamweaver 原本是由 Macromedia 公司开发的一个著名的"所见即所得"的可视化网站开发工具,2005 年由美国著名的多媒体软件开发商 Adobe 公司收购,并与 Flash、Fireworks、Photoshop 合称为"网页设计四剑客"。Dreamweaver 主要负责网站的创建与管理、网页版式设计、网页编辑和排版,是"网页设计四剑客"中最核心的成员。

1. Dreamweaver 的优势

Dreamweaver 是一款专业的 HTML 编辑器,用于对 Web 站点、Web 页和 Web 应用程序进行设计、编码和开发。它将可视布局工具、应用程序开发功能和代码编辑支持组合在一起,功能强大,适合各个层次的开发人员和设计人员快速创建网站和应用程序。在学习制作网页之前,先介绍一下 Dreamweaver 的优点。

（1）制作效率高

Dreamweaver 可以用最快捷的方式与 Fireworks、Flash 或 Photoshop 等网页设计工具搭配使用,使网站整体设计、制作流程自然顺畅。

（2）网站管理简单便易

使用网站地图可以快速设计、制作、更新和重组网页。根据网页位置、文件名称变更自动更新所有链接;使用关键文字、HTML 码、HTML 属性标签和一般语法的搜寻及置换功能使得复杂的网站管理变得迅速简单。

（3）控制能力强

Dreamweaver 支持精准定位,可轻易将图层换成表格,并准确控制拖拉置放的方式进行版面配置。

2. Dreamweaver 界面的组成

了解完 Dreamweaver 诸多的优点,接下来看看 Dreamweaver 的窗口组成。Dreamweaver CS6 的界面如图 4-1-1 所示。

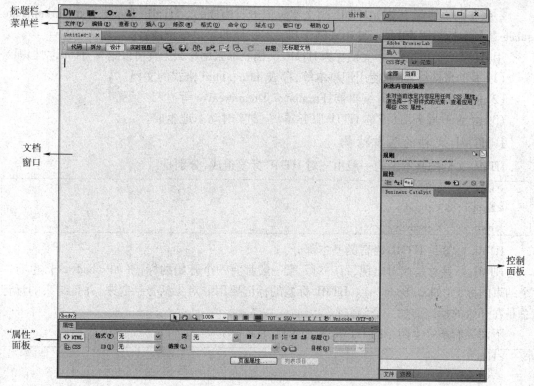

图 4-1-1　Adobe Dreamweaver CS6 的操作界面

（1）标题栏与菜单栏

标题栏上显示了软件的名称、布局、扩展 Dreamweaver 和站点,右边包括窗口的控制按钮（最小化、最大化和关闭窗口按钮）。和所有软件一样,"菜单栏"中几乎集中了 Dreamweaver CS6 全部操作命令,通过这些菜单命令可以完成编辑网页文件、管理站点以及设置操作界面等所有操作。要打开某一项主菜单,用鼠标左键单击即可。

(2)文档窗口

文档窗口又称为工作区,是我们编辑和制作网页的主要窗口。此处可以是多个窗口,单击文档标题可以进行切换。第一次启动建立的文档命名为Untitled-1,中间白色的区域就是我们发挥自己的创意空间的区域,一张张精美的网页就是在此诞生的。在文档窗口的标题区下面还有代码、拆分和设计窗口切换按钮。

(3)"属性"面板

"属性"面板是页面编辑中非常重要的一个面板,主要是用来设置页面的元素属性的。例如在工作区输入文字后或插入图片、表格后,可以在属性面板中设置文字的大小、图片的高宽、表格的对齐方式和链接地址等。

(4)控制面板

在网页编辑器的右侧显示了控制面板,控制面板的界面是非常重要的,用户可以根据需要显示或隐藏这些面板,或者拖动这些面板到任意位置,也可以通过 按钮单击打开或关闭控制面板。其中比较常用的控制面板有"插入"面板、"CSS 样式"面板、"行为"面板等。面板的打开与关闭可以通过窗口菜单设置,菜单项前面如果带对勾代表此面板已经显示,反之则未显示。

(二)HTML 语言的基础

一张张网页实际上是由 HTML 超文本标记语言构成的。HTML(Hyper Text Markup Language 超文本标识语言)是一种用来制作超文本文档的简单标记语言。

用 HTML 编写的超文本文档称为 HTML 文档。那么用什么工具可以编写 HTML 文档呢?

(1)手工直接编写:如使用记事本等,存成.htm、.html 格式的文档。

(2)使用可视化 HTML 编辑器:Frontpage、Dreamweaver 等。

(3)由 Web 服务器(或称 HTTP 服务器)一方实时动态地生成。

1. HTML 文档的基本结构

HTML 文档的基本结构一般由三对 HTML 标签组成,分别是:

```
<html>...</html>
<head>...</head>
<body>...</body>
```

HTML 标签是 HTML 语言的基本部分。

HTML 标签总是成对出现,每一对元素一般都有一个开始的标记(如<body>),也有一个结束的标记(如</body>)。HTML 标签的标记要用一对尖括号括起来,并且结束的标记总是在开始的标记前加一个斜杠;

下面我们举一个简单的 HTML 文档示例:

```
<html>
  <head>
    <title>my first page</title>
  </head>
  <body>
    This is my first homepage!
  </body>
</html>
```

2. HTML 元素属性

HTML 元素可以有自己的相关属性,每一个属性还可以由网页编制者赋一定的值。元素属性出现在元素的 < > 内,并且和元素名之间有一个空格分隔,属性值用" "引起来。

```
<html>
    <head>
        <title>my first page</title>
    </head>
    <body>
        <p align="center">This is my first homepage!</p>
    </body>
</html>
```

其中的 center 是使文本"This is my first homepage!"居中显示。

3. HTML 基本结构的 <head> 元素和元素属性

<head> 元素出现在文档的开头部分。<head> 与 </head> 之间的内容不会在浏览器的文档窗口显示,但是其间的元素有特殊重要的意义。

<title> 元素:<title> 元素定义 HTML 文档的标题。<title> 与 </title> 之间的内容将显示在浏览器窗口的标题栏和任务栏上,如图 4-1-2 所示。

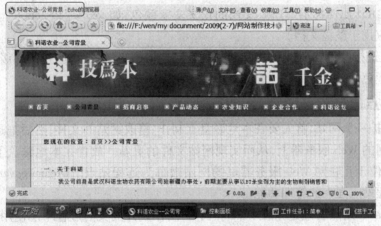

图 4-1-2 <title> 元素在网页上的显示情况

<meta> 元素:<meta> 元素下面可以插入很多很有用的元素属性。下面介绍四种:<meta name="keywords" content="study,computer"> 用来标记搜索引擎在搜索页面时所取出的关键词;<meta name="author" content="wutao"> 用来标记文档的作者;<meta http-equiv="Content-Type" content="text/html; charset=gb2312"> 用来标记页面的解码方式;<meta http-equiv="refresh" content="5;URL=http://www.enet.com.cn/eschool"> 用来自动刷新网页。

```
<!DOCTYPE HTML PUBLIC "-//W3C//DTD HTML 4.01 Transitional//EN">
<html>
    <head>
        <meta http-equiv="Content-Type" content="text/html; charset=gb2312">
        <title>科诺农业--公司背景</title>
```

```
< style type = "text/css" >
  <!--
  @ import url( "web. css" );
  -->
</style>
  < meta name = "keywords" content = "科诺农业技术有限公司,农药,化肥" >
</head>
```

4. <body>元素及元素属性

<body>元素是 HTML 文档的主体部分。在 <body> 与 </body> 之间,通常都会有很多其他元素,这些元素和元素属性构成 HTML 文档的主体部分。<body>属性除了用于标识正文信息外,还可以设置整个文档的背景色、前景色等基本属性。

（1）bgcolor:bgcolor 属性标示 HTML 文档的背景颜色,如 bgcolor = "#CCFFCC"。HTML 对颜色的控制也有自己的语法(通常使用 16 进制的 RGB 颜色值对颜色进行控制)。

（2）background:background 属性标示 HTML 文档的背景图片,如:background = "images/bg. gif"。可以使用的图片格式为 GIF、JPG。

（3）bgproperties = fixed:bgproperties = fixed 可使背景图片成水印效果,即图片不随着滚动条的滚动而滚动。

（4）text :text 属性标示 HTML 文档的正文文字颜色,如 text = "#FF6666"。Text 元素定义的颜色将应用于整篇文档。

（5）超级链接颜色:link、vlink、alink 分别控制普通超级链接、访问过的超级链接、当前活动超级链接颜色。

（三）站点的定义

制作、维护一个网站,首先要在本地磁盘上制作、修改网站的文件,然后把这个网站文件上传到互联网的 Web 服务器上,从而实现网站文件的更新。放置在本地磁盘上的网站被称为本地站点,位于互联网 Web 服务器里的网站被称为远程站点。Dreamweaver 提供了对本地站点和远程站点强大的管理功能。

Dreamweaver 站点管理是指在 Dreamweaver 制作设计网页的过程中所使用的术语,是定义一个站点名称、存放文件的文件夹,并可以方便远程管理维护网站的功能。使用 Dreamweaver 站点管理,需要理解以下三种站点的定义：

（1）本地信息:即是本地工作目录。也称为"本地站点";

（2）远程信息:是远程站点存储文件的位置,也称为"远程站点",一般是指向使用运行系统正在运行的站点;

（3）测试服务器:即用来测试站点的服务器。网站文件在测试服务器中测试通过后,再发布到远程站点上。可能读者有这样的疑问,为什么要定义站点呢？原因是尽量避免错误的出现,例如路径错误、链接错误等。如何定义站点呢？我们可以通过以下几个简单的操作完成。

第一步,建立一个文件夹用于存放网站的所有文件;

第二步,再按栏目分类（将图片放置在 image 文件夹中）;

第三步,命名规则——使用英文或者拼音命名。

四、案例赏析

见本书配套网上教学资源。

五、任务准备

(一)设计分析

我们都知道新疆占祖国六分之一的面积,以她地域的辽阔神奇、资源的丰饶富有和多姿多彩的民族文化吸引了全国人民的目光,也为世界注目。这次我们作为新疆美丽景色的"推介人",当然要竭尽全力设计、制作出引人注目的网页。其实整个页面在设计的时候不需要太多的技术含量,只需要使出"杀手锏"——选取两幅具有代表意义的美丽图片,再配以简单的文字说明即可大功告成。

当然需要注意一些细节问题,例如通过定义关键词标记搜索引擎,选的图片不能是高清存储空间太大的,以免影响浏览者的浏览速度等。

为了让我们整个页面显得生动活泼,还在整个页面的下方设置了文字的滚动效果,用以提醒浏览者观赏这些美景的时间限制、门票价格等信息。

设计完成后的效果如图 4-1-3 所示。

图 4-1-3 网页效果图:新疆 5A 级景点介绍——喀纳斯

(二)技术分析

使用工具:Dreamweaver CS6。

使用技术(表 4-1-1):

任务使用技术分析　　　　　　　表 4-1-1

序号	技　　术	难 度 系 数
1	网页背景的设置	★★★☆☆
2	插入与编辑图像	★★★★☆
3	文字的输入	★★☆☆☆
4	文字的修饰(居中、颜色、大小等设置)	★★☆☆☆
5	设置页面的属性	★★★☆☆
6	插入其他元素及设置	★★★☆☆
7	文字滚动效果的设置	★★★★★

(三)素材搜集

在百度图片里搜索新疆喀纳斯,会命中很多的结果,这个时候可以选择两幅自己认为具有喀纳斯特色代表的图片。图片选择完后,再找一幅网页背景图片,一定要素雅,不要与网页中的风景图有太强冲撞感的,主要起了一个绿叶陪衬的作用。

六、任务开展

1. 启动 Dreamweaver,熟悉基本的操作界面

首次启动 Dreamweaver,会弹出初识操作界面(如图 4-1-4 所示),可以选择打开最近的项目、新建文件和主要功能介绍。选择"新建"HTML 文件,创建一个普通空白网页。

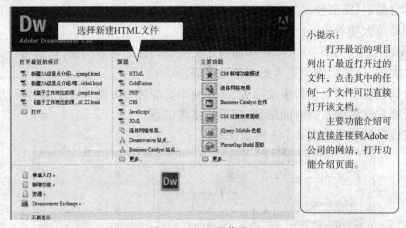

图 4-1-4　初识操作界面

2. 通过站点管理,定义一个"新疆 5A 级景点介绍——喀纳斯"站点,建立对应的文件和文件夹

步骤:①先选择"站点"菜单里的"新建站点"项,打开"站点设置对象"对话框,输入站点名称为"新疆 5A 级景点介绍——喀纳斯",本地站点文件夹选择自己硬盘上的路径;②单击"保存"。站点建立完成后,即可在"文件"面板上看到刚才新建立的站点,如图 4-1-5 所示。

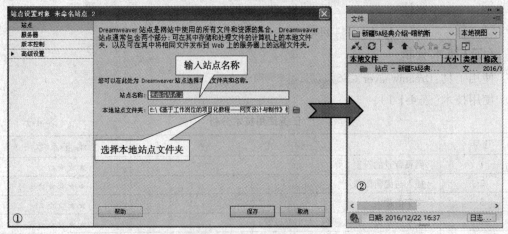

图 4-1-5　定义一个网页站点

3. 站点建立完成后,在本地站点建立文件和文件夹

步骤:①右键单击刚才新建的站点名称,会弹出如图所示 4-1-6 菜单,选择新建文件,命

名为"xjzmjd.htm";②选择新建文件夹,命名为"images",主要存放制作网页所需的图片。不同类型的文件或不同分支的网页放在不同的文件夹中,便于以后管理和维护站点。在每个网站中,都有一个被称为首页的页面,其名称一般为"index.htm"或"index.asp"(使用 ASP 语言编写的网页)。另外,由于很多服务器使用的是 UNIX 操作系统,它区分大小写英文字母,因此,网页的名称最好都采用小写英文字母,以避免将来出现问题。当然汉字更是不能使用。

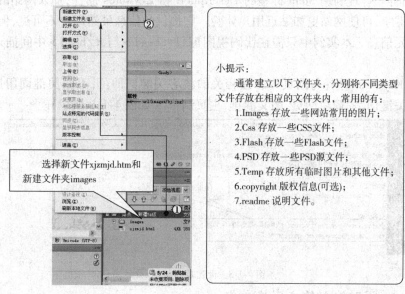

小提示:
　　通常建立以下文件夹,分别将不同类型文件存放在相应的文件夹内,常用的有:
1.Images 存放一些网站常用的图片;
2.Css 存放一些CSS文件;
3.Flash 存放一些Flash文件;
4.PSD 存放一些PSD源文件;
5.Temp 存放所有临时图片和其他文件;
6.copyright 版权信息(可选);
7.readme 说明文件。

图 4-1-6　定义一个网页站点

4.制作整个页面的背景

步骤:在 Dreamweaver CS6 的"文档"窗口中设计网页时,可以切换到不同的视图中,对网页进行更方便的设置和查看,首先要认识一下不同视图的切换。①将准备好的背景图片都拷贝到文件夹"images",双击文件"xjzmjd.htm"(如图 4-1-7 所示),开始制作实例;②单击

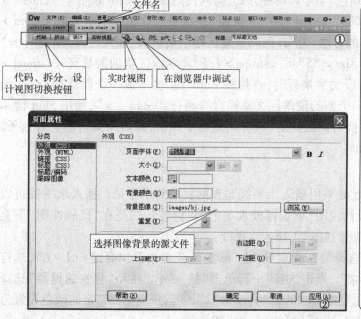

小知识:
　　·代码视图:切换到"代码"视图中,可以对网页的源代码进行编辑。

　　·拆分视图:"拆分"视图可以分为两部分同时显示"代码"视图和"设计"视图。在"文档"窗口中,切换到"拆分"视图中,可以同时编辑网页的源代码和内容。

　　·设计视图:切换到"设计"视图中,可以方便地编辑网页的内容。

图 4-1-7　制作页面的背景

属性面板上的"页面属性",打开"页面属性"对话框,单击"浏览"按钮,选择背景图像的源文件,单击确定,整个页面的背景就设置好了。

5. 设置页面的文件头

Meta 标签用来描述一个 HTML 网页文档的属性,例如作者、日期和时间、网页描述、关键词、页面刷新等。合理利用 Meta 标签的 Description 和 Keywords 属性,加入网站的关键字或者网页的关键字,可使网站更加贴近用户体验。它提供的信息虽然用户不可见,但却是文档的最基本的元信息。本实例中只需在代码视图窗口 <head> 与 </head> 中间插入图 4-1-8 中的代码。

其中的 Keywords 选择与网页内容最相关的核心关键词即可,不同关键词用逗号隔开。本实例中的关键词是"简单网页,图文混排,主页制作"(如图 4-1-8 所示)。

图 4-1-8 设置 Meta 标签

6. 输入文字,对输入的文字格式化

步骤:①在设计视图下,输入文字"新疆 5A 级景点介绍——喀纳斯",切换到拆分视图方式,窗口拆分成两个,同样在代码窗口可以看到文字"新疆 5A 级景点介绍——喀纳斯"(如图 4-1-9 所示);②文字输入完成后,在"设计视图"下可以通过"属性"面板和"菜单"功能,对文本的字体、字号、颜色及对齐方式等属性进行设置;③在这里我们将通过另外一种方式,使用 HTML 语言设置字体颜色、字号和对齐方式,插入代码如下: < h1 align = " center " > < strong > < font color = " #FF0000" size = "20" > 新疆 5A 级景点介绍——喀纳斯 </font> </strong> </h1>;④用同样的方法,为"1. 阿勒泰地区喀纳斯景区"插入代码 <p align = " left " > < font color = " #3300ff" size = "5" > <strong >1. 阿勒泰地区喀纳斯景区 </strong> </font> </p>。注意在第一段文字换行时,直接按 Enter 键,会生成一个段落换行:" <p >"标记,在网页代表生成了一个新的段落。文本换行符换行:"
 ",使用 Shift 键 + Enter 键,插入该标签代表文本换行。做完后,选择浏览器中调试,即启动浏览器查看效果。制作出的效果如图 4-1-9 所示。

7. 插入并设置水平线

为了分隔开标题与内容,此处采用插入水平线实现网页的简单布局。插入水平线可以采用两种方法:一是直接在"设计视图"下选择插入菜单的"标签",二是在"代码视图"下直接插入 <hr >。下面介绍在"设计视图"下插入水平线:

步骤:①在"设计视图"下选择"插入"菜单,选"标签"(或者按下快捷键 Ctrl + E),选打开标签选择器,选择"HTML 标签",点击选择"hr",单击"插入";②在 hr"标签编辑器"选择"常规",分别设置对齐为"左",宽度为"1500",高度为"2";③选择浏览器特定的颜色设置为"#666666",单击"确定"。图 4-1-10 所示为插入水平线步骤。

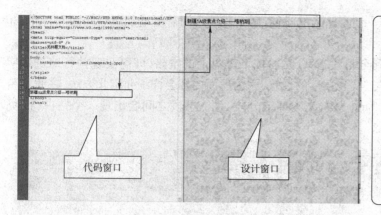

小提示：
  align代表字体的对齐方式。align属性设置对齐方式分left、center、right三种，这里选择的是"center"。
  <font face="字体类型" size="字号" color="颜色">内容</font>，我们选择的是默认字体、红色、20号字。

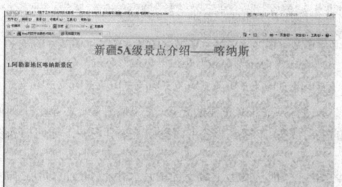

小知识：
  颜色使用一个16进制的数值表示，如FF0000(红色)、00FF00(绿色)、0000FF(蓝色)、000000(黑色)、FFFFFF(白色)。"#"是颜色标志。任何一种颜色都是由红绿蓝(RGB)三个颜色通道按不同亮度的比例混合而成。

图4-1-9　在网页的背景上输入文字和设置文字属性

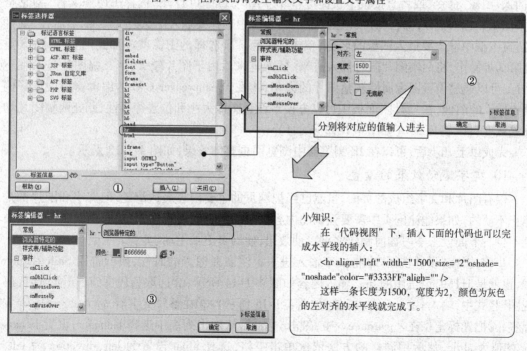

小知识：
  在"代码视图"下，插入下面的代码也可以完成水平线的插入：
  <hr align="left" width="1500"size="2"oshade="noshade"color="#3333FF"aligh="" />
  这样一条长度为1500，宽度为2，颜色为灰色的左对齐的水平线就完成了。

图4-1-10　插入水平线

8.插入正文,并对正文内容进行简单排版

在"设计视图"下将正文内容"喀纳斯景区……登上湖南段的骆驼则可观览佛光奇景"

149

这段内容另起一段输入进来。注意输入的时候,两个段落之间需要增加段后间距和行距,还需注意首行缩进2字符。

步骤:①把输入法切换到全角状态下,然后按下键盘上的空格,即可实现首行缩进2字符。也可以通过设置CSS样式实现段落的设置,因为后面内容会详细介绍此方法,在此不赘述;②在第一段末尾直接按"Enter"键,文本即被分段,且上下段之间会出现一个空白行(见图4-1-11)。

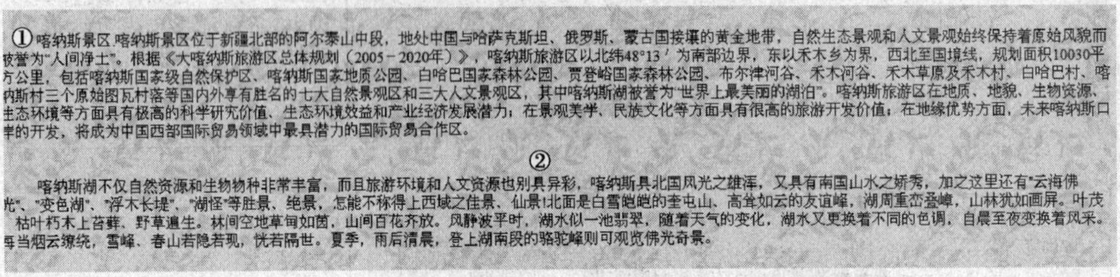

图4-1-11 段落的格式化

9. 插入图片,并对图片进行编辑

在网页制作的过程中,除了文本还有一个非常重要的元素,那就是图像。正是由于图像的存在,才使得网页看起来更加的生动活泼、丰富多彩。下面我们就来学习一下如何插入图片和编辑图片。

步骤:①选择两幅喀纳斯景区图片(一般从网上下载下的图片大小都不合适,可在Fireworks中将图片编辑好,放入文件夹images中)。将光标定位在文字后新一行的行首,单击"插入|图像"命令,或者直接按下快捷键(Ctrl+Alt+I)即可打开"选择图像源文件"对话框(如图4-1-12所示);②在"查找范围"下拉列表框中选择要插入图像的文件夹,然后在"文件名"文本框中输入要插入图像的名称,单击"确定",所选择的图像就添加到网页中了;③重复第②步操作,将两幅图片同时插入进来,插入进来后由于图片较大,第二幅图片显示在下一行,可以通过设置图像属性调整图片的大小;④在Dreamweaver CS6的编辑窗口中选择网页中插入的图像,在"属性"面板中可以方便地设置图像大小和位置等属性,此处两幅图片均设置宽度550、高度350(如图4-1-12所示)。

完成以上几步后,可以在IE浏览器中浏览网页整体效果,如图4-1-13所示。

10. 文字滚动效果的设置

仅有图片和文字组成的页面,虽然已经把网页的主要内容表达清楚,但文字和图片都是静止不动的,如果能让网页中需要强调的内容以滚动的方式展现出来,势必会给整个页面增色不少。下面就来学习如何制作文字滚动效果,使网页更加生动、美观。

步骤:①在"设计视图"中将文字输入进来。注意在输入的时候,换行符用Shift+Enter键,也就是HTML语言中的br。输入内容如图4-1-14所示;②选取整段文字,切换到"代码视图"模式中,输入<marquee>标签(如图4-1-15所示);③在整段文字后,输入</marquee>标签;④把光标定位在<marquee>中,敲击空格键,从弹出列表中选择behavior,设置behavior的值为slide,然后用同样的方法依次单击空格,选择align设置为left,direction为left,bgcolor为"#66ccff",scrollamount为5pixels。设置完成后,滚动的字幕将左对齐,滚动的方向从左侧开始,滚动字幕有个背景颜色为#66ccff,滚动的方式是由一端滚动到另一端,不会重复;⑤上述步骤完成后,当鼠标移动到文本上时文本继续滚动不停止。如果想使鼠标移动到

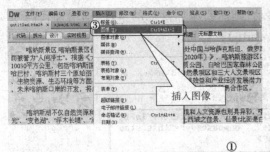
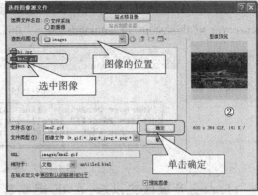

①

小技巧:
1.当图片插入进来后,会自动在"属性"面板中的宽和高数值框中显示图像的原始尺寸,如果要修改直接输入像素值即可。
2.图像插入进来后,可以看到此时图像中出现了带有3个控制点(也叫控制手柄)的调整框,用鼠标拖动其中一个控制点就可以随意改变图像尺寸。

③

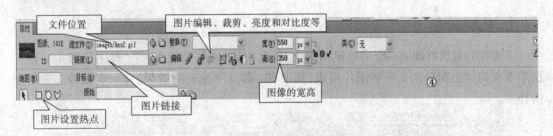

图 4-1-12 对图片的编辑

图 4-1-13 对图片的编辑

151

文本上时文本停止滚动,移开鼠标文本继续移动,则需要添加鼠标的事件,即增加代码 onmouseover = "this.stop( );" onmouseout = "this.start( );"即可。

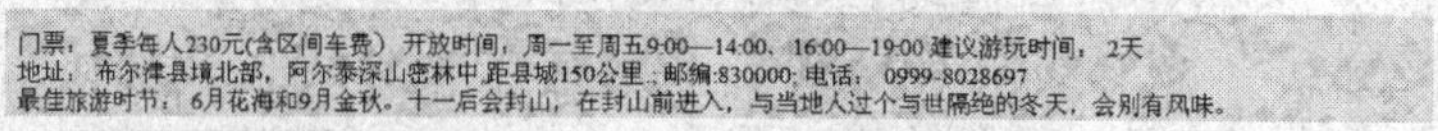

图 4-1-14 文字的输入

图 4-1-15 输入 <marquee> 标签

11. 以上步骤做完以后,在 IE 浏览器中测试网页的整体效果

本任务在 IE 浏览器展示效果见图 4-1-16。

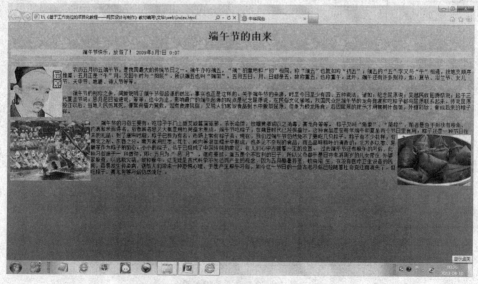

图 4-1-16 完成效果图

七、拓展训练

下面我们趁热打铁做一个另外风格的主页,这次是"端午节的由来"(截图见图 4-1-17)。这个页面同样由简单的文字和图片组成,其中有一段文字滚动的效果,整个页面看起来清新而朴实。

图 4-1-17 网页截图:中华民俗——端午节的由来

八、任务小结

本次任务中,我们学习了图片与文字的结合,不借助任何的表格帮助让简单的主页呈现出来。我们还学习了 HTML 语言的基础知识,图片、文字的格式化以突显整个页面的"主角"。另外,还了解了主页在建立之前要先定义站点、文件和文件夹再命名时的注意事项和 Dreamweaver 的基础知识等。也许你现在还不是很熟练,很多窗口界面还没有用过,不用着急,接下来我们将一一学习。

九、挑战自我

假如你是道桥专业的学生,将要毕业,让我们通过制作一个简单的班级主页(图 4-1-18),纪念那些学生时代的生活。

图 4-1-18 班级主页

工作任务 2 网页标准化设计

 学习目标

1. 了解网页标准化目的和途径。
2. 了解 CSS 的作用与灵活运用。
3. 理解 CSS 语法。
4. 掌握框架的使用与操作。
5. 掌握模板的作用与使用。
6. 掌握库的操作。
7. 标准化设计的综合灵活运用。

一、开篇励志

"不以规矩,不能成方圆",出自《孟子·离娄章句上》,比喻做事要遵循一定的法则。作为一名网页设计师,也不是随心所欲地制作网页,必须要遵循一定的标准。

二、设计任务

今天的设计任务是为学校某老师制作一个在线学习网站,以方便同学们在课外自学。

不能够再像上个工作任务一样没有章法了,这次我们要按标准化制作设计网页。先让我们来了解一下网页标准化设计知识。

三、设计知识

(一)网站的"化妆师"CSS

相对于传统 HTML 而言,CSS 能够对网页中的对象的位置排版进行像素级的精确控制,支持几乎所有的字体字号样式,拥有对网页对象和模型样式编辑的能力,并能够进行初步交互设计,是目前基于文本展示最优秀的表现设计语言。CSS 能够根据不同使用者的理解能力,简化或者优化写法,并拥有较强的易读性。

1. CSS 的概念

CSS(Cascading Style Sheet)中文译为层叠样式表,它是用于控制网页样式并允许将样式信息与网页内容分离的一种标记性语言。

2. CSS 的优势

简单来说,CSS 的优势如下:

(1)使页面载入更快;
(2)可以降低网站的流量费用;
(3)使设计师在修改设计时更有效率,代价更低;
(4)使整个站点保持视觉的一致性;
(5)使站点可以更好地被搜索引擎找到;
(6)使站点对浏览者和浏览器更具亲和力;
(7)可以提高设计师的职场竞争实力。

3. CSS 与 HTML 的关系

CSS 和 HTML 是平级的一套规范,同样都是 W3C 组织确定的。CSS 控制对应 html 标签颜色、字体大小、字体、宽度、高度、浮动等样式。可以说,HTML 定义的是网页的结构,而 CSS 定义的是网页的外观。通过使用 CSS,可以实现网页内容与形式的分离,以便于维护和修改网页。

4. CSS 的添加方式

有四种方法可以在站点网页上使用样式表:

(1)行内样式

行内样式是所有样式方法中最为直接的一种,它直接对 HTML 的标记使用 style 属性,

然后将 CSS 代码直接写在其中,例如:

```
<h1 style="color:white;background-color:blue">行内样式。</h1>
```

(2) 内嵌式

内嵌样式表就是将 CSS 写在 <head> 与 </head> 之间,并且用 <style> 与 </style> 标记进行声明。如图 4-2-1 所示。

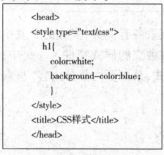
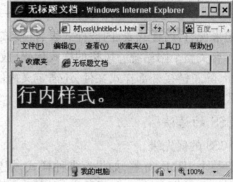

图 4-2-1　内嵌样式和行内样式的显示结果

代码运行结果跟行内样式是一样的。

(3) 链接式

链接式 CSS 样式是使用频率最高,也是最为实用的方法。它将 HTML 页面本身与 CSS 样式风格分离为两个或多个文件,实现了页面框架 HTML 代码与美工 CSS 代码完全分离,使得前期制作与后期维护都十分方便,网站后台的技术人员与美工设计者也可很好地分工合作。而且同一个 CSS 文件可以链接到多个 HTML 文件中,甚至链接到整个网站的所有页面中,使得网站整体风格统一、协调,也大大减少后期维护的工作量。

链接式 CSS 在代码中的应用方式:

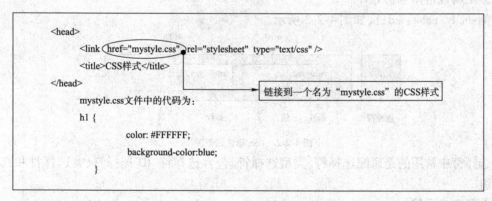

最终的运行结果还是跟前面两种引用方式是一样的。

(4) 导入样式

导入样式与链接式样式表的功能相同,只是语法和运作方式上略有区别。导入式采用 import 方式导入的样式表,在 HTML 文件初始化时,会被导入到 HTML 文件内,作为文件的一部分,类似内嵌式的效果。而链接式样式表则是在 HTML 的标记需要格式时才以链接的方式引入。

导入样式表最大的用处在于可以让一个 HTML 文件导入很多的样式表。

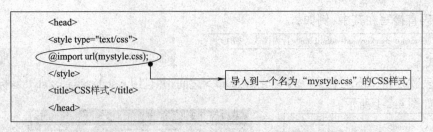

总的来说,行内样式表、内嵌样式表、链接式样式表各有优势,实际的开发中常常需要混合使用。有关整个网站统一风格的样式代码,放置在独立的样式文件*.css中;某些样式不同的页面,除了链接外部样式文件,还需定义内嵌样式;某网页内部分内容"与众不同",采用行内样式。

5. CSS 的语法

(1)CSS 的优先级

对于某个 HTML 标签,如果有多种样式,规定的样式没有冲突,则叠加;如果有冲突,则最先考虑行内样式表显示,如果没有,再考虑内嵌样式显示,如果还没有,最后采用外面样式表显示,否则就按 HTML 的默认样式显示。

(2)CSS 语法

CSS 的语法包括:选择符、属性和值三个方面,写法如下:

选择符{属性:属性值;}

说明:

属性必须要包含在{}之中;

属性和属性值之间用:隔开;

多个属性用;进行区分;

多个属性值用空格分开。

例:body{color:red;},如图 4-2-2 所示。

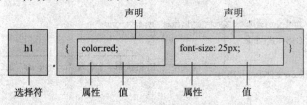

图 4-2-2 CSS 语法示意图

选择符中常用的是通配选择符、类型选择符、包含选择符、ID 选择符、类选择符和选择符分组。

①通配选择符

通配选择符的写法是"*",其含义是所有元素。

例:*{font-size:12px;}

说明:页面中所有文本的字体大小为 12 个像素。

②类型选择符

类型选择符即使用结构中元素名称作为选择符,如 body,p,div 等。

例:div{font-size:12px;}

说明：页面中所有 div 元素包含的内容的字体大小为 12 个像素。

③包含选择符

写法如下：选择符1　选择符2

说明：选择符之间用空格隔开，含义是所有选择符1中包含选择符2。

例：div p{font-size:12px;}

说明：页面中所有被 div 元素包含的 p 元素中，文本的字体大小为 12 个像素。

④ID 选择符

写法如下：#name　（名称唯一）

说明：ID 选择符的语法格式是"#"加上自定义的 ID 名称。

例：#name{font-size:12px;}

说明：ID 名为 name 页面元素中，文本的字体大小为 12 个像素。

⑤类选择符

写法如下：.name

说明：类选择符的语法格式是"."加上自定义的类名称。

例：.name{font-size:12px;}

说明：所有调用类名为 name 页面元素中，文本的字体大小为 12 个像素。名称不唯一，可通过定义相同的类名来调用同一个样式。

⑥选择符分组

当多个选择符应用相同的样式，可以将选择符用英文逗号分隔的方式，合并为一组。

写法如下：选择符1,选择符2,选择符3

说明：ID 选择符的语法格式是"#"加上自定义的 ID 名称。

例：#name,p,.name{font-size:12px;}

说明：ID 名为 name 的元素、p 元素、类名.name 中，文本的字体大小为 12 个像素。

⑦同一个元素的多重定义

写法如下：.one　.two

示例：<div class="one two"></div>

说明：class="one two"这句代码是页面中调用类选择符的代码，其中 one 和 two 两个类之间用空格分开，最终的表现效果是两个类中属性的叠加。

⑧伪类和伪元素

伪类和伪元素也是一种选择符，在页面元素中用来定义超出结构所能标识的样式。伪类是能被支持 CSS 的浏览器自动识别的特殊选择符。

语法结构如下：

选择符 伪类{属性:属性值;}

例：a:hover{font-size:12px;}

说明：当鼠标经过带有链接的文本上时，文本字体大小 12 像素。

伪类和伪元素的写法，一般以:开头。与类不同的是，伪类和伪元素在 CSS 中是指定的，不能随意的命名和定义（见表4-2-1）。

伪类元素及功能 表 4-2-1

属　　性	说　　明
a:link	超链接的普通样式,即正常浏览状态的样式
a:visited	被点击过的超链接的样式
a:hover	鼠标指针经过超链接上时的样式
a:active	在超链接上单击时,即"当前激活"时,超链接的样式

(二)模板

当一个网站的规模较大时,通常需要制作很多类似的页面。它们体现同一个主题,风格也要尽量保持统一。一般的做法是把已经完成的网页拷贝一份进行修改,但这样做效率低。如果某个地方要修改,所有的已经完成的网页都必须逐个修改,工作量非常大。

为了提高网站建设与更新内容的工作效率,保持网站风格统一,避免大量的重复操作,就要用到模板了。

1. 模板的概念

模板是一种特殊类型的网页文档,文件扩展名为".dwt"。简单地说,模板是一种用来批量创建具有相同结构及风格网页的最重要手段。从模板创建的文档与该模板保持连接状态,修改模板就可以实现基于该模板设计的网页批量更新。

2. 模板的作用

模板的功能就是把网页布局和内容分离,在布局设计好之后将其存储为模板,这样相同布局的页面可以通过模板创建,能够极大地提高工作效率。

总的来说在网页中模板有以下优点:

(1)制作方便,利用模板可以制作具有相同外观结构的网页,提高了制作效率;

(2)更改方便,更改模板就使得整个网站采用相同模板的页面都得到更新;

(3)模板与基于该模板的网页文件之间保持连接状态,相同的内容可保证完全的一致。

3. 模板的使用

要使用模板,必须先制作出模板。制作模板和制作一个普通的页面完全相同,只是不需要把页面的所有部分都制作完成,仅仅需要制作出页面的公有部分(例如导航条、标题栏、版权区等)并设置为不可编辑区域,而把其他部分设置为"可编辑区域"。

使用模板分两种情况:

(1)套用到旧的网页:用 Dreamweaver 打开既有的网页,选择"修改|T 模板|应用模板倒到页",将模板套用到网页上面。

(2)基于模板创建文档:使用 Dreamweaver 建立新网页时,选择"文件|新建|模板中的页"项目创建的文档会继承模板的页面布局。

以上两种情况产生的文档都与该模板保持连接状态(除非以后分离该文档)。使用模板可以批量生成网页,只需在可编辑区填入不同的内容即可。后期修改网页时只需修改模板,所有应用模板的文档中就会立即更新。

(三)库

1. 库的概念

库是一种特殊的网页文件,扩展名为".lbi",它包含了可以放置到页面中的一组单个资源或资源副本。

2. 库的作用

库项目是可以在多个页面中重复使用的存储页面元素,每当更改某个库项目的内容时,可以更新所有使用该项目的页面,实现整个网站各页面上与库项目相关内容的一次性更新。

3. 库与模板的区别

库与模板本质区别在于:模板本质是一个独立的页面文件,可以控制大的设计区域以及重复使用完整的布局,适用于整个网页步骤相同的若干网页;而库项目则只是页面中的某一段 HTML 代码,编辑某个库项目时,可以自动更新所有使用该项目的页面,适用于某个局部多次出现在不同网页中的情况。使用库比模板有更大的灵活性。

(四)框架

所谓"框架",就是将浏览器窗口划分为若干个区域。框架网页不但是页面布局的解决方案,也是避免重复劳动的一种方法。

1. 框架的作用

框架的作用就是把浏览器窗口划分为若干个区域,每个区域可以分别显示不同的网页。使用框架页面的主要原因是为了使导航更加清晰,网站的结构更加的简单明了、更规格化。

内容非常多的网页不宜采用框架式结构,所以大网站中几乎所有的网页都不是框架式网页。

2. 框架的特点

(1)只要单击某一个框架区域内的超链接,其指向的网页就会在另一个框架区域中显示,而不必将整个浏览器窗口的内容更换一遍。

(2)固定网页中的某些内容。

(3)并不是所有的浏览器都能显示框架网页。另外,不同的分辨率会对框架显示有一定的影响,这也是框架网页的一个局限。

3. 框架的组成

框架由两个主要部分——框架集和单个框架组成。框架集是在一个文档内定义一组框架结构的 HTML 网页。框架集定义了一页网页显示的框架数、框架的大小、载入框架的网页等。单个框架是指在网页上定义的一个区域。效果如图 4-2-3 所示。

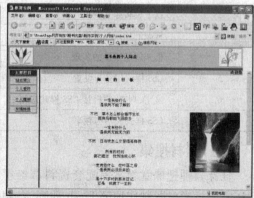

图 4-2-3　框架网页效果

四、案例赏析

本书配套网上教学资源中有几例框架页面的 HTML 页面代码,可以自行查看。

五、任务准备

(一)设计分析

在学生网站网页构建上我们采用"三分体"结构,大概是"厂"字形结构,上方是一个广告条,左侧是栏目列表,上侧和左侧页面保持不变。通过超链接将几个网页链接在一起,点击左侧的栏目内容,右侧出现相应内容。其实这就是"框架技术"。再使用 CSS 技术将网页中的文字进行简单的美化。制作模板页和库元素。在其他网页中循环使用。

网页采用清新的天蓝色和草绿色,使网页看起来整洁,也让学习者感觉轻松和愉悦。在线学习网站的最终构想效果如图 4-2-4 所示。

图 4-2-4 "在线学习"网站首页和子页效果图

(二)技术分析

使用工具:Dreamweaver CS6。

使用技术(表 4-2-2):

任务使用技术分析　　　　表 4-2-2

序号	技　术	难 度 系 数
1	模板的建立与管理	★★★★☆
2	基于模板建立网页	★★★☆☆
3	框架的插入和设置	★★★★☆
4	框架间超链接的实现	★★☆☆☆
5	CSS 样式建立与设置	★★★★★
6	文字、列表、超链接 CSS 样式应用	★★★★☆
7	CSS 样式共享与独享	★★★☆☆

(三)素材搜集

任课教师把课堂教案等配套资料都给了我们,大概说明了在线教学网站设计要求。我们还需要找素材图制作顶部 Flash 动画、左侧网页的背景图。在此任务中,Dreameaver 设计、制作网页是重点。图 4-2-5 是此任务所使用的素材。

图 4-2-5　素材搜集

六、任务开展

1. 建立"在线学习"站点

步骤：①选择"站点|新建站点"，在弹出的对话框中设置站点；②点击右侧面板组上的"文件"按钮，弹出【文件】面板(如图 4-2-6 所示)。

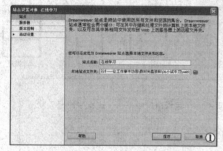 

小提示：
　　Dreamweaver(以下简称DW)CS6的面板操作与其他Adobe成员一样。如果【文件】面板没有显示，可以通过"窗口|文件"命令打开。

图 4-2-6　新建站点

2. 插入框架

步骤：①打开 Dreamweaver，新建一个 HTML 文档，选择"插入|HTML|框架|上方及左侧嵌套"；②在弹出的"框架标签辅助功能属性"对话框中点击"确认"按钮，此时窗口中出现了建立的框架页面；③点击面板组中【框架】面板，发现两处的框架样式是一致的(如图 4-2-7 所示)。

3. 保存框架

步骤：①选中上方框架页面，按"Ctrl + S 将网页保存为"top. html"(如图 4-2-8 所示)，同理保存左侧页面为"left. html"，保存右侧页面为"main. html"；②选择菜单"文件|保存全部"，在弹出的对话框中将网页保存为"index. html"。可以通过【框架】面板，点击相应框架，在【属性】面板上看到框架所含的网页地址。

4. 指定框架尺寸

步骤：①在【框架】面板上点击最外层边缘，边缘变成黑色实线即选中了框架集；②在【属性】面板点击框架集的第一行，设置行高为 116 像素，第二行不做设置(表示自适应浏览器高度)；③在【框架】面板上点击内层层边缘，选中内层的框架集；④在【属性】面板点击框架集的左边列，设置列宽为 184 像素，第二列不进行设置(表示自适应浏览器宽度)。效果如图 4-2-9 所示。

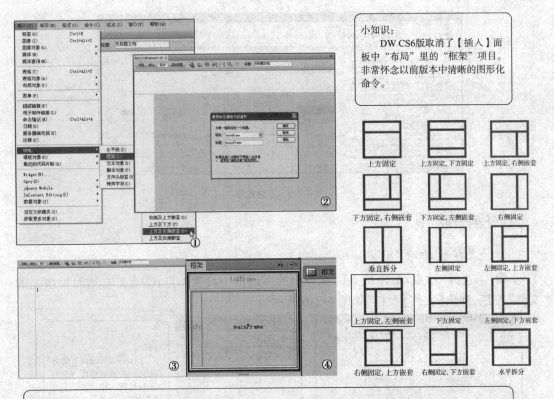

小知识：
　　DW CS6版取消了【插入】面板中"布局"里的"框架"项目。非常怀念以前版本中清晰的图形化命令。

小知识：
　　在【框架】面板中点击各个框架，可以选中编辑窗口中对应的页面。在编辑窗口中单击，光标变成输入状态时也即选中了相应网页。

小技巧：
　　框架的保存经常让初学者思维混乱。这里就采用最简单的办法，直接点击每个框架保存页面，再使用"保存全部"保存框架集，有几个存几次即可，一般规律是网页数量+1次。

图4-2-7　新建框架网页

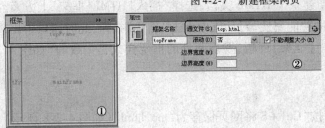

小提示：
　　在【属性】面板中还可以设置框架的其他参数，如框架名称、是否显示网页滚动条、是否允许调整大小，边界宽度和高度等。

图4-2-8　保存框架

5. 预览框架情况

　　步骤：在文档编辑窗口看到文档已经被分割成了三个部分，点击可以查看每个框架内含的网页（如图4-2-10所示）。Index.html中＜body＞部分关于框架的代码如下：

6. 制作顶部框架内容

　　步骤：①点击文档编辑窗口中的顶部框架，此时编辑的是"top.html"，修改网页标题为"在线学习"；②在站点文件夹中建立"flash"文件夹，并将素材中的"banner.swf"拷贝进去，选择【文件】面板，将对象"banner.swf"拖动到顶部框架中，点击属性栏 ▶ 播放 可以查看Flash播放情况（如图4-2-11所示）。

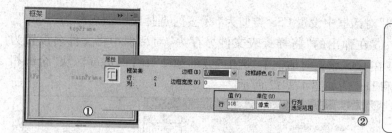

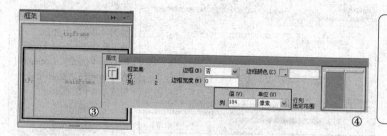

小提示：
按住Alt键，在文档标编辑窗口中所需的框架内单击即可选择该框架，被选择的框架边框为虚线。若要选择框架集，只需单击该框架集的边框即可。

小提示：
在【属性】面板中还可以设置框架集其他参数，如框架名称、是否显示框架边框、边框颜色和宽度等。

图4-2-9　设置框架网页的尺寸

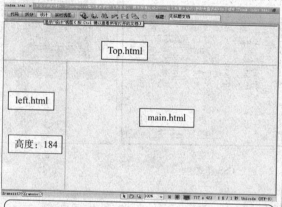

```
<frameset rows="116,*" cols="*" frameborder="no" border="0" framespacing="0">
    <frame src="top.html" name="topFrame" scrolling="no" noresize="noresize" id="topFrame" title="topFrame" />
    <frameset cols="184,*" frameborder="no" border="0" framespacing="0">
    <frame src="left.html" name="leftFrame" scrolling="no" noresize="noresize" id="leftFrame" title="leftFrame" />
    <frame src="main.html" name="mainFrame" id="mainFrame" title="mainFrame" />
    </frameset>
</frameset>
```

小提示：
稍微有些英语基础的人都可以看懂，如果有疑问可以参考【框架】面板和【属性】面板。

图4-2-10　预览框架网页

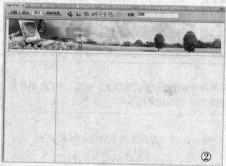

小知识：
插入对象还可以通过【插入】面板、"插入"菜单，不过从【文件】菜单将对象拖入到文档中是最快捷的。当在站点网页中插入不属于站点中的文件时，会跳出来对话框提醒将文件保存到站点下。

图4-2-11　制作顶部框架内容

7. 建立 CSS 样式

步骤：①点击面板组上的"CSS 样式"按钮，在弹出的【CSS 样式】面板中点击下方 ；

②在弹出的"新建 CSS 规则"对话框中设置 CSS 类型为"标签",选择选择器名称为"body",并选择"新建样式表文件";③在弹出的"将样式表文件另存为"对话框中将文件名设置为"css",如图 4-2-12 所示;④在 CSS 设置对话框中,选中"方框选项",将 Margin 区块"全部相同"选项去掉,并设置 Top 和 Left 值如图 4-2-12 所示。

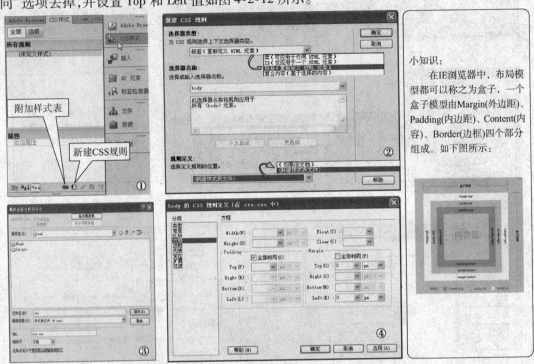

图 4-2-12　建立 CSS 样式

8. 为其他网页链接 CSS 样式表

步骤:①点击左侧框架页面,在【CSS 样式】面板上点击"附加样式表"按钮，在弹出的"链接外部样式表"对话框中点击"浏览"指向刚才建立的"css.css","添加为"中选择"链接",点击"确认";②同理为中间的框架页面也链接此 css 样式。完成后发现,三个网页左侧和上方的空白区域消失了,网页顶端显示如图 4-2-13 所示。

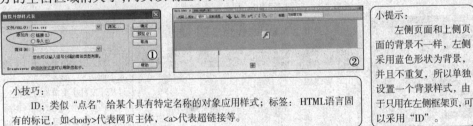

图 4-2-13　为其他网页链接 CSS 样式表

9. 设置左侧页面背景样式

步骤:①在【CSS 样式】面板上点击"新建 CSS 规则"按钮;②建立一个名为"leftbg"的 ID 选择器;③点击左侧框架页,在底部的状态栏上点击 <body> 标记,并在属性栏设置 ID 为"leftbg";④此时左侧框架页面出现蓝色背景图案(图 4-2-14),并且没有平铺。

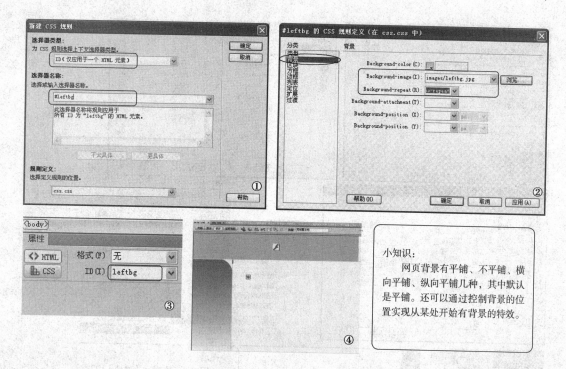

图4-2-14 设置左侧页面背景样式

10. 输入左侧框架文字内容

步骤:点击左侧框架,输入左侧文字内容,每一段按回车键换行,选中后六行,点击【属性】上的"项目列表"按钮,此时文档窗口显示如图4-2-15。

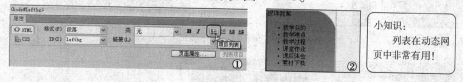

图4-2-15 输入左侧框架文字内容

11. 为左侧标题行文字增加 CSS 样式

步骤:①新建一个"left_title"的"类";②设置"left_title"样式的"类型"项目;③选择"方框"项目设置参数;④使用"我的电脑"文件夹,找到站点下的"left.html",点击鼠标右键,选择"打开方式|Adobe Dreamweaver CS6",此时"left.html"独立于框架在 Dreamweaver 中打开;⑤选中"授课教案"文字,在【属性】栏的"类"中选择"left_title"样式;⑥查看左侧框架的页面效果;⑦查看 CSS 代码窗口。效果如图4-2-16 所示。

12. 为项目列表文字设置超链接样式

步骤:①选中项目列表的文字(从"教学目的"到"素材下载"),在【属性】中设置链接为"#",页面中的项目列表文字变成了蓝色带下划线的超链接状态;②在【CSS 样式】面板上点击"新建 CSS 规则",弹出的对话框中"选择器"直接显示选择器类型为"复合内容",名称为"#leftbg ul li a";③在样式的"类型"选项设置行高为30px,颜色为"#333";④在【CSS 样式】面板中新建一个符合内容的样式"#leftbg ul li a:hover";⑤设置颜色为"#FF3","无下划线"。效果如图4-2-17 所示。

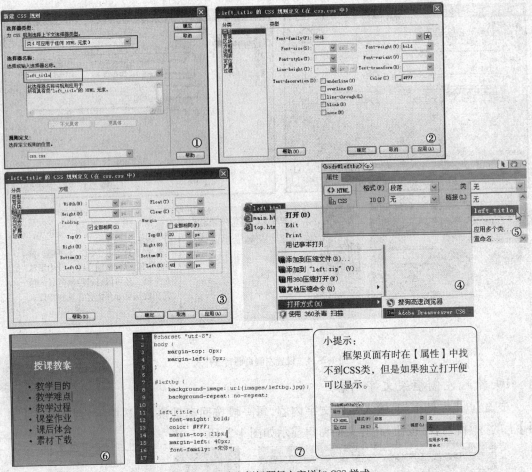

图 4-2-16 为左侧标题行文字增加 CSS 样式

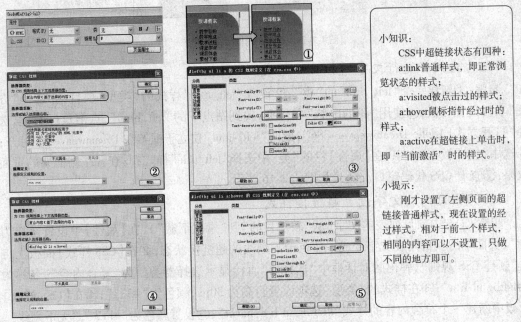

图 4-2-17 为项目列表文字设置超链接样式

13. 保存并浏览网页效果

步骤:选择"文件|保存",保存网页,切换到 CSS 窗口也保存。按 F12 键在浏览器中浏览网页效果,可以看到超链接在普通状态时灰色无下划线,当鼠标经过时变成黄色也无下划线,如图 4-2-18 所示。

图 4-2-18　网页效果图

14. 为项目列表文字设置列表样式

步骤:①选择项目列表,新建一个"#leftbg ul"的复合内容样式;②在"列表"项目中选择"列表样式"为"none";③浏览网页效果图;④查看 CSS 代码。效果如图 4-2-19 所示。

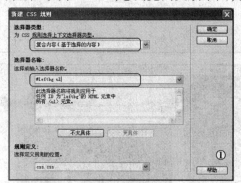
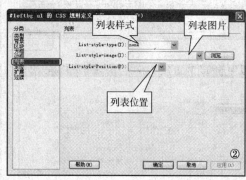

图 4-2-19　为项目列表文字设置列表样式

15. 制作右侧主页面,插入图片并居中

步骤:①将素材中的"study.jpg"图片缩小尺寸至 500×284 像素后拷贝到站点的"images"

167

文件夹中,将图像插入到页面中;②新建CSS样式—名为"pic"的"类";③设置样式"方框"类目;④在【文件】面板上双击"main.html"在新窗口中打开网页,选中页面中的图片,在【属性】栏的"类"中选择"pic";⑤在main.html页面图像下方插入文字"欢迎同学们来到网上课堂!准备好了吗?我们开始上课了!";⑥新建CSS—"类"名为"main_text",设置"类型"项目,设置"方框"类目参数;⑦回到main.html页面,选中文字在【属性】栏的"类"中选择"main_text"。网页如图4-2-20所示:

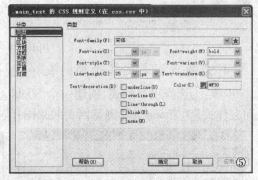
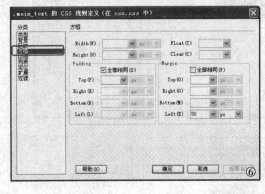

图4-2-20 插入图片并居中

16.制作框架主内容页模板

步骤:①用Dreamweaver打开素材中的"content.html",选择菜单"文件|另存为模板";②在弹出的对话框中设置参数,点击保存,此时Dreamweaver编辑栏上页面标题变成了"content.dwt",表示它已经成为一个模板;③将光标移动到"您的位置"后面的单元格中,选择菜单"插入|模板对象|可编辑区域";④在弹出的对话框中输入"content_navi",点击"确认";⑤此时,光标所在的位置出现一个"模板可编辑区",名称就是刚才设定的"content_navi";⑥在站点中自动生成了一个"Templates"文件夹,content.dwt模板文件就在里面;⑦同理,在以下

位置继续建立模板的可编辑区域 content_title、content_content；⑧查看网页 HTML 代码。效果如图 4-2-21 所示。

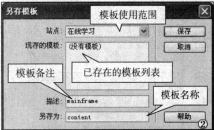
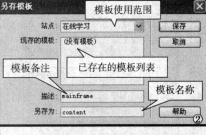
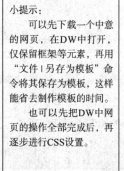

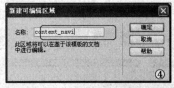
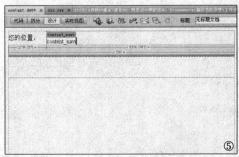

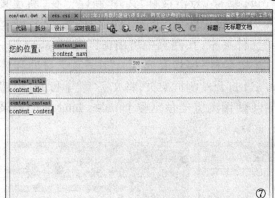

小提示：
可以先下载一个中意的网页，在DW中打开，仅保留框架等元素，再用"文件|另存为模板"命令将其保存为模板，这样能省去制作模板的时间。
也可以把DW中网页的操作全部完成后，再逐步进行CSS设置。

图 4-2-21　制作框架主内容页模板

17. 为模板页添加 CSS 样式

步骤：①在【CSS 样式】面板上点击"附加样式表"，选择"链接"，选择之前建立的"css.css"样式，新建名为"content_navi"的类样式，设置（如图 4-2-21①）样式；②点击可编辑区域"content_navi"所在的单元格，在 Dreamweaver 的状态栏点击＜td＞，在【属性】上的"类"中选择"content_navi"；③选中"content_title"所在的单元格 ＜td＞，在 Dreamweaver 的状态栏点击＜td＞，在【属性】上的"类"中选择"main_text"；④、⑤新建名为"content_ content"的类样式，设置样式；⑥设置"区块"项目；⑦点击可编辑区域"content_ content"所在的单元格，在 Dreamweaver 的状态栏点击＜td＞，在【属性】上的"类"中选择"content_ content"（图略）。最终模板页效果如图 4-2-22 所示。

169

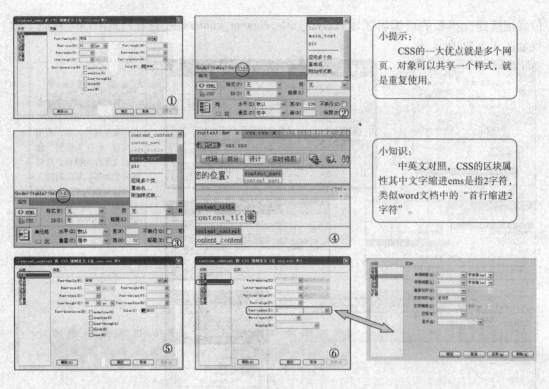

小提示：
　　CSS的一大优点就是多个网页、对象可以共享一个样式，就是重复使用。

小知识：
　　中英文对照，CSS的区块属性其中文字缩进ems是指2字符，类似word文档中的"首行缩进2字符"。

图4-2-22　为模板页添加CSS样式

18. 基于模板新建网页，并填充内容

步骤：①保存模板，在站点中新建文件夹"subpages"，点击菜单"文件|新建"，在"新建文档"对话框中选择"模板中的页"，其他如图4-2-23设置即可，点击"创建"按钮；②将新建的网页命名为"jxmd.html"，保存到"subpages"文件夹中，在网页中可编辑区域"content_navi"和"content_title"中输入文字"教学目的"，并将素材"模板和库.doc"中"教学目的和要求"的文字粘贴进可编辑区域"content_content"；③打开左侧框架页，将文字"教学目的"的超链接改为"jxmd.html"，"目标"为"mainframe"；④使用浏览器预览整个index.html文档效果如图4-2-24所示。

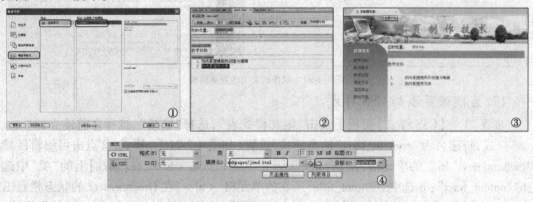

图4-2-23　创建基于模板的网页并保存网页

19. 保存网页及相关文件

步骤：选择菜单"文件|保存全部"保存全部网页，并在浏览器中测试网页。

图 4-2-24 "在线学习"网站页面显示美化

七、拓展训练

刚才我们只完成了一个页面的制作,请大家通过模板和 CSS 搭配继续完成剩余页面的制作,不过个别地方有些不同,需要灵活运用。

八、任务小结

本次任务的信息量很大,接触到了网页标准化的一些操作,如 CSS 样式、模板、库,还有一点表格布局的知识。在这几个知识点中,CSS 是最重要的,也是最灵活的。

九、挑战自我

我们刚才完成了一个框架+CSS 网站的制作,是否觉得还不够美观呢?网页的美观技巧在于留白,尝试不要将网页设计的那么紧凑,给点空间会更好!

图 4-2-24 是"在线学习"网站美化前后效果对比。

工作任务 3　网站布局设计

 学习目标

1. 了解网页布局基本知识。
2. 掌握表格的使用方法。
3. 掌握项目列表与列表项的插入技术。
4. 掌握 div 的使用方法。
5. 掌握 div 与 css 结合设计网页的技术。

一、开篇励志

"在学习、生活中要敢于打破常规,突破限制,勇于创新。"看起来好像是千篇一律的生活、枯燥乏味的工作,需要用我们自己的想象力和创造力去改变,去创新!

二、设计任务

"环球时报"网站关于"建党 90 周年的专题"做得很不错,我们就模仿它做一个"建党 90

周年的专题"。再次郑重声明,此工作任务来源于环球时报网站。

三、设计知识

(一) 网页布局

在实际制作一个网站时,首先要知道所要制作的网站主题是什么,它要发布的是什么信息;其次是合理构思网站的布局。

网页设计是否美观,直接影响到客户对网站的第一感觉。在网页设计的各种要素中,有一个非常重要的因素,那就是网页布局设计。不同类型的网站采用不同的布局,不但能使网站结构合理化,也可以使访问者更好地了解到网页的核心、核心思想。常见的网页布局有以下几种:

(1) "国"字型布局

这种布局也可以称为"同"字型,是一些大型网站所喜用的类型。其最上面是网站的标题以及横幅广告条,接下来就是网站的主要内容(左右分列两小条内容,中间是主要部分,与左右一起罗列到底),最下面是网站的一些基本信息、联系方式、版权声明等。这种结构也是我们在网上见到的最多的一种结构类型。

(2) 拐角型布局

这种结构与上一种其实只是形式上的区别,其实是很类似的。上面是标题及广告横幅,接下来的左侧是一窄列链接等,右列是很宽的正文,下面也是一些网站的辅助信息。在这种类型中,很常见的是最上面是标题及广告,左侧是导航链接。

(3) 标题正文型

这种类型即最上面是标题或类似的一些东西,下面是正文。一些文章页面或注册页面等就属这种布局。

(4) 封面型布局

这种类型基本上是出现在一些网站的首页,大部分为一些精美的平面设计结合一些小的动画,放上几个简单的链接,或者仅是一个"进入"的链接,甚至直接在首页的图片上做链接而没有任何提示。这种网页大部分出现在企业网站和个人主页,处理得好会给人带来赏心悦目的感觉。

(5) "T"结构布局

所谓"T"结构布局,就是指网页上边和左边相结合,页面顶部为横条网站标志和广告条,左下方为主菜单,右面显示内容。这是网页设计中用得最广泛的一种布局方式。在实际设计中还可以改变"T"结构布局的形式,如左右两栏式布局,一半是正文,另一半是形象的图片、导航。或正文不等两栏式布置,通过背景色区分,分别放置图片和文字等。

这样的布局有其固有的优点,因为人的注意力主要在右下角,所以企业想要发布给用户的信息大都能被用户以最大可能性获取,而且很方便。其次是页面结构清晰,主次分明、易于使用。缺点是规矩呆板,如细节色彩上不注意,很容易让人"观之无味"。

(6) "口"型布局

这是一个形象的说法,指页面上下各有一个广告条,左边是主菜单,右边是友情链接等,中间是主要内容。

这种布局的优点是页面充实、内容丰富、信息量大,是综合性网站常用的版式。特别之处是顶部中央的一排小图标起到了活跃气氛的作用。缺点是页面拥挤,不够灵活。也有将四边空出,只用中间的窗口型设计,例如网易壁纸站使用多帧形式,只有页面中央部分可以滚动,界面类似游戏界面。

(7)"三"型布局

这种布局多见于国外网站,国内用得不多。其特点是页面上横向两条色块,将页面整体分割为四个部分,色块中大多放广告条。

(8)对称对比布局

顾名思义,此类布局采取左右或者上下对称的布局,一半深色,一半浅色,一般用于设计型网站。其优点是视觉冲击力强,缺点是两部分有机结合比较困难。

(9)POP布局

POP源自广告术语,指页面布局像一张宣传海报,以一张精美图片作为页面的设计中心。这种布局常用于时尚类网站,优点是漂亮引人,缺点是打开速度慢。

互联网作为唯一一种24小时不间断的媒体平台是传统媒体可望不可即的。作为一个企业,在互联网上建立自己的网站,最显而易见的就是可以向世界展示自己的企业风采,让更多人了解自己的企业,使企业能够在公众知名度上有一定的提升。

当然,在设计网页时网页布局不限于上述几种布局模式。网页设计本身需要设计者尽情发挥自己的想象力和智慧,以最大限度利用好网页空间,让浏览者牢牢记住网页上的内容。因此,设计师可以根据实际的项目需求灵活安排网页布局。

网页布局的方法很多,可以使用表格、DIV或者框架。到底用哪一种,一要看设计任务(要做出的网页到底是什么样的一种结构),二要看设计者的兴趣爱好。目前,用的比较多的就是DIV + CSS了。

(二)表格

表格是由行和列组成的。图4-3-1是一个典型的表格,它由标题、表头、表格数据、单元格组成。

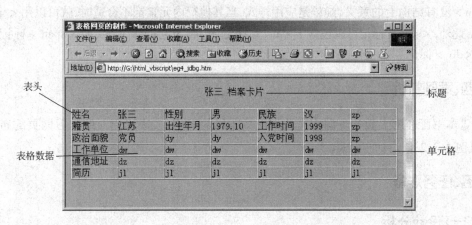

图4-3-1 经典的表格设计

表格由 < html >、< tr >、< td > 标签组成的,格式如下:

    < table >...< /table >   定义表格

    < tr >…< /tr >   定义表行

    < th >…< /th >   定义表头,通常是黑体居中文字。

< td >…< /td >   定义表元(表格的具体数据)

语句含义如下：

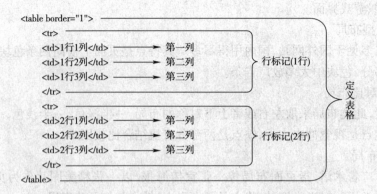

具体表格操作跟 Word 表格操作是一样的。以前的网页布局都是 table 表格布局，比较简单，但在较大型的网站中使用不便，灵活性很差，也不利于优化。现在的 div 技术，灵活、强大，网页样式与代码分离，便于管理员批量修改。

（三）< div > 和 < span >

< div > 标记早在 HTML 3.0 时代就已出现，但并不常用，直到 CSS 出现才逐渐发挥出它的优势。< div >（division）简单而言是一个区块容器标记，< div > </div > 之间能容纳段落、标题、表格、图片，乃至章节、摘要和备注等多种 HTML 元素。因此，可以把 < div > 与 </div > 中的内容视为一个独立的对象，用于 CSS 的控制。

跟 < div > 标记功能非常相似的容器标记是 < span >。在 < pan > 与 </span > 中间同样可以容纳各种 HTML 元素，从而形成独立的对象。可以说 < span > 与 < div > 这两个标记起到的作用都是独立出各个区块。两者的区别在于，< div > 是一个块级（block-level）元素，包围的元素会自动换行；< span > 仅仅是一个行内元素（inline elements），它的前后不会换行。< span > 没有结构上的意义，纯粹是应用样式，当其他行内元素都不合适时，就可以用 < span > 元素。此外，< span > 标记可以包含于 < div > 标记中，成为它的子元素，而 < span > 标记不能包含 < div > 标记。

四、案例赏析

本书配套网上教学资源中有几例网页布局的案例，大家可以对照学习网页的布局技巧（见图 4-3-2）。

五、任务准备

（一）设计分析

本网页以"庆祝建党 90 周年"为主题的，在设计网页时选择了既是喜庆的又是象征性的颜色"褚红色"作为网页的背景颜色，接近五星红旗上的五角星颜色——金黄色作为搭配色。布局的安排较简单，选用的是 Banner、导航栏、内容的"三"字型与"国"字型之间的一种方式。

"建党 90 周年"网站首页的效果如图 4-3-3 所示。

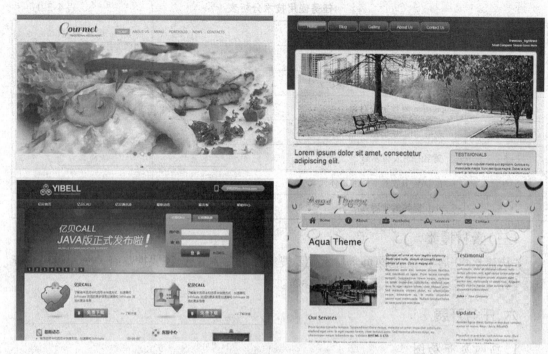

图 4-3-2 网页布局案例

图 4-3-3 "庆祝建党 90 周年"网站首页效果图

(二)技术分析

使用工具:Dreamweaver CS6。

使用技术(表 4-3-1):

任务使用技术分析表　　　　　　　　　　　　　表4-3-1

序号	技　术	难度系数
1	DIV 标签的使用方法	★★★★★
2	margin、padding 属性的使用方法	★★★★☆
3	position 属性定位对象	★★☆☆☆
4	表格的使用方法	★☆☆☆☆
5	文字的输入和装饰	★☆☆☆☆
6	在 DIV 中放置不同的媒体元素	★★☆☆☆
7	ul、li 标签的使用方法	★★★☆☆

(三) 素材搜集

"庆建党90周年"主题网页素材不仅要搜集有关文字信息,还要搜集有关图片和视频资料。网上有很多这方面的图文信息可以参考。

六、任务开展

1. 画网页布局图

步骤:画出网页布局图,确定网页中应有的各个模块及占用空间尺寸,如图4-3-4所示。

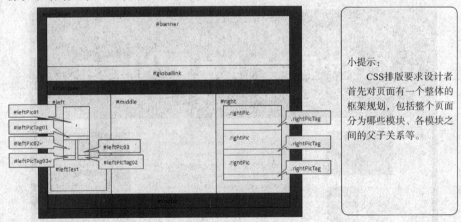

图4-3-4　网页结构图

小提示:
CSS排版要求设计者首先对页面有一个整体的框架规划,包括整个页面分为哪些模块、各模块之间的父子关系等。

2. 新建 CSS 规则文件,并设置文件名和保存路径(一般保存到自己的站点文件夹里)

步骤:①启动 Dreamweaver,在"开始面板"里选择"CSS";②按照画的图写对应的 CSS 规则,CSS 源文件在本章对应的文件夹里,文件名为"css.css"(源代码在本书配套网上教学资源\工作任务3:网站布局设计——空间运用的极致\建国建党周庆\CSS.css)。

图4-3-5 所示为新建 CSS 文件的步骤。

3. 新建 Dreamweaver 文档,并保存到对应的站点文件夹里

步骤:在"文件"菜单选择"新建文档|HTML",单击"创建"按钮,新建 Dreamweaver 文档(见图4-3-6①)。

图 4-3-5　新建 CSS 文件

4. 将新建的 CSS 文件连接到新建 Dreamweaver 文档

步骤：在 < title > 标签后以"连接"的形式把 css 文件连接到新建 Dreamweaver 文档，如：< link href = "css. css"　rel = "stylesheet"　type = "text/css"/>（如图 4-3-6②）。

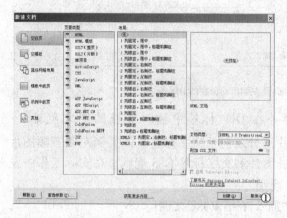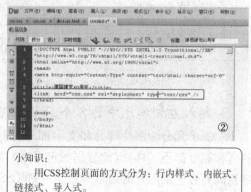

图 4-3-6　新建 Dreamweaver 文档并连接对应的 CSS 文件

5. 插入整个网页 DIV 标签，将 ID 命名为 container

步骤：①选择"插入|布局对象|DIV 标签"；②在弹出的"插入 DIV 标签"对话框中输入标签 ID，如"container"。如图 4-3-7 所示。

6. 同样的方法插入 banner、marquee、left 所在的 DIV 标签

步骤：①选择"插入|在插入点"，ID 输入"banner"。并设定 banner 的背景图片；②选择"插入|在标签之后|< div id = "banner" >"，ID 输入"globallink"，插入一个"项目列表"标签（< ul > </ul >）及"列表项"（< li > </li >），在本实例中插入 8 个 < li > 标签，在实

际工作中可以根据需要制定;③选择"插入|在标签之后|< div id = " globallink" >",ID 输入"marquee";④选择"插入|在标签之后|< div id = "marquee" > ",ID 输入"left"。效果如图 4-3-8。

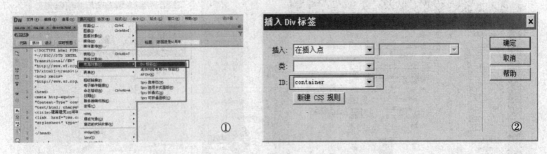

图 4-3-7　插入 DIV 标签

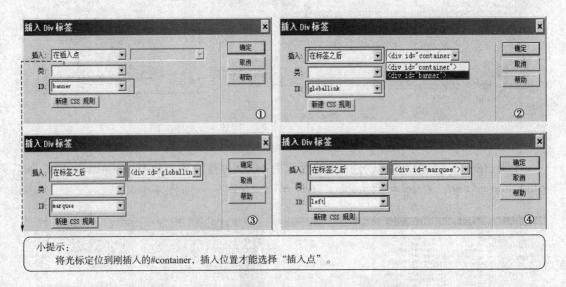

小提示:
　　将光标定位到刚插入的#container,插入位置才能选择"插入点"。

图 4-3-8　banner、marquee、left 及左侧单元所在的 DIV 标签

7. 插入左侧单元中的各个 DIV 标签并在 DIV 标签中插入对应的图文元素

左侧单元分为图片部分和文字部分,图片部分还包括文字标签。该实例左侧三幅图片的高和宽度都不一样,因此分别制定了对应的图片和文字标签 CSS 规则。在实际工作中设定相同高和宽的图片时可以只制定一种 CSS 规则。

步骤:①插入放"党旗"的 DIV 标签,选择"插入|在结束标签之前|< div id = "leftPic01" >",ID 输入"leftPic01";②插入放置"党旗"文字信息的 DIV 标签,并在对应位置输入"党旗";③同理插入放置"党徽"、"党章"及其他文字信息的 DIV 标签。效果见图 4-3-9。

8. 插入中间信息列表的 DIV 标签及信息列表标签 UL

步骤:①DIV 标签插入好后,插入 ul 标签;②在 < li > 和 </li > 之间输入文字列表信息。效果如图 4-3-10。

9. 插入右侧图文信息的 DIV 标签

步骤:连续输入三个同样的 DIV,并插入图片和输入文字,并插入对应的图片信息。网页最终效果如图 4-3-11 所示。

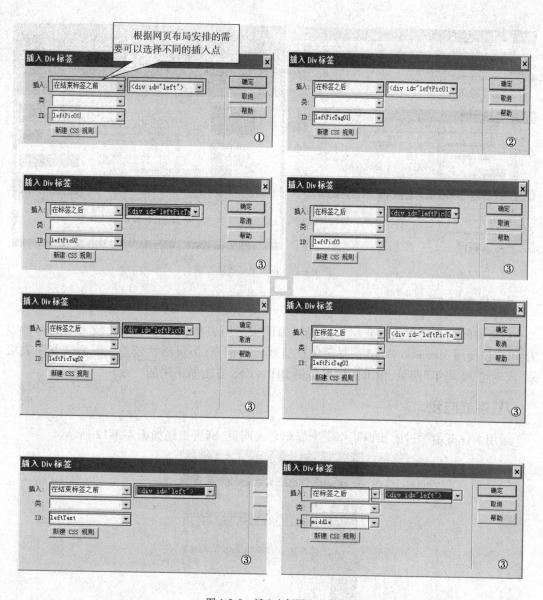

图 4-3-9 插入左侧图文元素

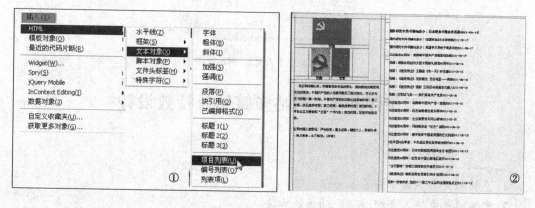

图 4-3-10 插入 UL 标签

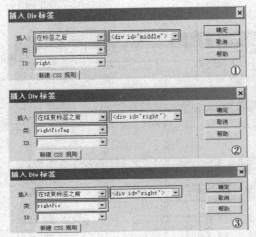 

图 4-3-11 网页最终效果

七、任务小结

前面讲网页布局方法时介绍了用表格做网页。用表格做布局也是比较常用的一种方法，可以像使用 Microsoft Word 一样简单快捷地做出网页，但灵活性较差。下面试着用表格做"庆党建 90 周年"网页，做出的效果与用 DIV + CSS 方法做出来的一致。

八、挑战自我

运用本任务中学过的知识制作一个简单个人网页，网页布局如图 4-3-12 所示。

图 4-3-12 "个人文集"网站首页

工作任务 4　网站多媒体及特效设计

 学习目标

1. 了解网页中多媒体的基本知识。
2. 掌握网页中嵌入音频、视频、动画的方法。
3. 了解通过行为控制声音播放方法。

4. 掌握＜embed＞标签的使用。
5. 理解网页中常见多媒体播放器代码含义及用法。
6. 网页多媒体对象合理使用的创新。

一、开篇励志

有一句广告词说："凝聚产生力量,团结诞生希望!"。不管一个人多么有才能,但是集体常常比他更聪明和更有力。在日常的学习、生活、工作中都要学会集体工作的艺术。

二、设计任务

延续"建党 90 周年"专题页面,制作"视频播报"页面。

三、设计知识

(一)网站中的多媒体

在网页中添加图像、动画、音乐和视频等多媒体对象可以增强网页的视觉效果。

1. 图像

图像是网页中使用最频繁的多媒体。相对于最基础的信息载体——文字,图片更加形象具体,更容易吸引浏览者的注意力。但是网页上使用图片必须考虑网页的布局和图片的尺寸,为网页下载速度考虑。

目前网页上使用最广泛的是 GIF、JPG、PNG 三种图片格式。

由于前面已非常频繁地接触了图像媒体,这里就不赘述了。

图 4-4-1 是一些网页中使用图片的样例。

图 4-4-1　网页中的图像

2. Flash 动画

我们在前面也已经感受过 Flash 的有趣和神奇,还未熟练掌握的设计师们请复习下第三模块的知识吧。网页上常见的 Flash 多媒体类型如下:

(1)Flash 动画

Flash 动画以文件小、速度快、特效精美、支持流媒体的特点获得网页设计者的青睐,类型有 FlashMV、贺卡、演示、片头、短片、广告等。还有一些利用 Flash 制作的网页组件如按钮、文本、导航等。

(2)Flash 视频

随着 Flash 动画产业的不断发展,Flash 已经不只是那个简单二维动画软件,还将影视制作成功接入,现在以电视和网络为代表的媒体已经被 Flash 视频占据。其中最常见的 Flash 视频格式是 FLV 视频和流媒体视频(如 RMVB)。

FLV 是 FLASH VIDEO 的简称,是随着 Flash 的推出发展而来的视频格式,文件后缀名为.flv。由于它形成的文件极小、加载速度极快,使得网络观看视频文件成为可能。它的出现有效地解决了视频文件导入 Flash 后体积庞大,不能在网络上很好地使用等缺点。目前很多在线视频网站均采用此视频格式,如新浪播客、六间房、56、优酷、土豆、酷6等。

RMVB 的前身为 RM 格式,是 Real Networks 公司所制定的音频视频压缩规范,文件后缀名为.rmvb 或.rm。借助 rmtp 协议,RMVB 已经形成了一种高效的流媒体技术,实现了在低速率网络上进行影像数据实时传送和播放。目前有第一放映室等网站采用此种视频和 Flash 结合。

(3) FlashPaper

FlashPaper 是 Adobe 推出的一种浏览其他文档(包括 PDF、OFFICE 等)的特殊的 Flash,文件后缀名仍然为"swf"。它可以对文档进行自由的缩放、打印和翻页等操作,便利了文档的传播。百度文库、豆丁网等都是通过 FlashPaper 分享文档的。

图 4-4-2 是几个网页中 Flash 动画的样例。

图 4-4-2　网页中的 Flash 动画

3. 音频

在网页中插入声音可以增添网页的艺术效果,给用户带来全面的视听感受,更好地烘托页面。

(1)常见的音频格式

WAV 格式:WAV 为微软公司(Microsoft)开发的一种声音文件格式,用于保存 Windows 平台的音频信息资源,被 Windows 平台及其应用程序所广泛支持。WAV 打开工具是 Windows 的媒体播放器。该音频格式具有较好的声音品质,但文件较大,会占用较多的设备空间。

WMA:WMA 的全称是 Windows Media Audio,是微软公司推出的与 MP3 格式齐名的一种新的音频格式。由于 WMA 在压缩比和音质方面都超过了 MP3,更是远胜于 RA(Real Audio),即使在较低的采样频率下也能产生较好的音质,再加上有微软的 Windows Media Player 做其强大的后盾,网上的许多音乐纷纷转向 WMA,许多播放器软件也纷纷开发出支持 WMA 格式的插件程序。

MID 格式:即 MIDI(乐器数字接口),多用于音乐制作,文件较小。

MP3 格式:MP3 文件采用高压缩比,但也能保持较优秀的音质,文件较小,声音品质好。MP3 格式采用的是流媒体方式,可以边下载边播放,非常适合网络传播,但是需要辅助应用程序和插件。

其他音频格式还有 Qt、qtm、mov、quicktime（apple computer 开发的音频文件格式）等，需要特定播放插件。

图 4-4-3 是网页中音频的样例。

图 4-4-3　网页中的音频

（2）音频在网页中的使用

由于目前背景音乐在 HTML 中还未能形成一个标准，所以 DW 中并没有提供插入背景音乐的按钮，只能通过代码实现。

也可以使用 <embed> 标签手动插入音频文件，格式可以是 Midi、WAV、AIFF、AU、MP3 等。表 4-4-1 是 <embed> 标签属性说明。

<embed> 标签属性一览表　　　　　　　　　　　表 4-4-1

属性面板项	功　　能
Autostart = true/false	是否下载完之后自动播放
Loop = 正整数/true/false	规定音频或视频文件的存户按次数或是否允许循环播放
Hidden = true/false	规定控制面板是否显示，默认值为 no
Starttime = mm:ss（分:秒）	规定音频或视频文件开始播放时间
Volume = 0100 之间整数	规定音频或视频文件的音量大小
Height =　　, width =	文件尺寸
controls =	规定控件页面的外观属性
Palette = color|color	音频、视频文件的前景色和背景色
align	对齐方式

4．视频

网页中可以嵌入多种格式视频文件。随着网络宽带的不断提高，在线播放视频成为网站主要功能之一。网页中常见的视频格式有：

Mpeg 格式：一种压缩比较大的活动图像和声音视频压缩标准；

AVI 格式：具有较好的声音品质，不要求使用插件；

WMV 格式：Windows Media Video，可伸缩媒体类型，多语言支持；

RM 格式：Real 公司推出的多媒体文件格式；

ASF 格式：Advanced Streaming Format（高级串流格式）的缩写，是 Microsoft 为 Windows 98 开发的串流多媒体文件格式。ASF 是 Windows Media 的核心，是一种包含音频、视频、图像以及控制命令脚本的数据格式。这个词汇当前可和 WMA 及 WMV 互换使用。

图4-4-4是一些网页中视频的样例。

图4-4-4　网页中的视频

（二）网站中的特效

丰富多彩的网页特效为网页活跃了气氛，增添了很不错的效果。

网页特效是用程序代码在网页中实现的特殊效果或特殊功能的一种技术。初学者按照说明也能很容易地为网页添加网页特效。

1. 网页特效的分类

按照技术类型网页特效可分为 Javascript（ jquery、prototype javascript 框架）脚本语言和VBscript 脚本语言。

按照应用范围网页特效可分为时间日期类、页面背景类、页面特效类、图形图像类、按钮特效类、鼠标事件类、Cookie 脚本、文本特效类、状态栏特效、代码生成类、导航菜单类、页面搜索类、在线测试类、密码类、技巧类、综合类、游戏类等。

图4-4-5是网页中特效的样例。

图4-4-5　网页中的特效

2. JavaScript 特效简介

JavaScript（以下简称 JS）是一种脚本语言，是基于对象的语言，具有简单性、安全性、动态性和跨平台性。JS 的特点是可以给网页增加互动性，并能产生各种网页特效。JS 能让有规律地重复的 HTML 文段简化，减少下载时间。JS 能及时响应用户的操作，对提交的表单做即时的检查，无需浪费时间交由 CGI 验证。JS 的特点是无穷无尽的，只要你有创意，尽可去挖掘。

本教程不讲解 JS 编写方法，而是让大家能够懂得如何应用其他网站中用 JS 实现的各种特殊效果。

JavaScript加入网页有两种方法：

(1) 直接加入HTML文档

这是最常用的方法，大部分含有JavaScript的网页都采用这种方法，如：

```
<script language="Javascript">
    <!--
    document.writeln("这是Javascript！采用直接插入的方法！");
    //-Javascript结束-->
</script>
```

代码解释：

▶ <script>……</script>，而<script language = "JavaScript">用来告诉浏览器这是用JavaScript编写的程序，需要调动相应的解释程序进行解释。

▶ HTML的注释标签<! --和-- >：用以去掉浏览器所不能识别的JavaScript源代码的，这对不支持JavaScript语言的浏览器来说是很有用的。

▶ //-JavaScript结束：双斜杠表示JavaScript的注释部分，即从//开始到行尾的字符都被忽略。

至于程序中所用到的document.write()函数，则表示将括号中的文字输出到窗口中去，这在后面将会详细介绍。另外一点需要注意的是，<script>……</script>的位置并不是固定的，可以包含在<head>……</head>或<body>……</body>中的任何地方。

(2) 引用

如果已经存在一个Javascript源文件(以js为扩展名)，则可以采用引用的方式，以提高程序代码的利用率。其基本格式如下：

```
< script src = url language = "Javascript" > </script >
```

其中的url就是程序文件的地址。同样的，这样的语句可以放在HTML文档头部或主体的任何部分。

如果要实现"直接插入方式"中所举例子的效果，可以首先创建一个JavaScript源代码文件"Script.js"，其内容如下：

document.writeln("这是JavaScript！采用直接插入的方法！")；

在网页中可以这样调用程序：

```
< script src = "Script.js" language = "Javascript" > </script >
```

四、案例赏析

本书的配套网上教学资源中给大家提供了各种JavaScript代码，大家可以执行代码，预览多种JS特效。

五、任务准备

(一) 设计分析

此次的任务是要为上次工作任务"建党90周年"添加一个多媒体页面。由于此工作任务的性质不是娱乐性的,比较严肃,因此不能加入过多的多媒体,以免喧宾夺主。

我们计划制作一个简单的页面,页面总体格局沿用上次工作任务中制作的页面风格和大致布局。考虑到是子页面而非主页面,所以页面格局会比较简单一些。正文部分左侧是固定栏目"新闻滚动图片"和子栏目菜单,右侧是相应栏目内容。

我们只做两页,一页在右侧页面插入视频,另一页插入 Flash 动画,设计效果如图 4-4-6 所示。

图 4-4-6 "建党 90 周年"中的视频报道页面和 Flash 动画页面

(二)技术分析

使用工具:Dreamweaver CS6。

使用技术(表 4-4-2):

任务使用技术分析　　　　　　　　　表 4-4-2

序号	技　　术	难度系数
1	JS 特效代码的使用技巧	★★★★★
2	网页中插入视频	★★☆☆☆
3	视频的设置	★★★☆☆
4	网页中插入 Flash 动画	★★☆☆☆
5	Flash 透明动画的应用	★★★☆☆
6	网页背景音乐的插入和使用	★★★☆☆
7	彩色超链接的设置	★★★★☆

(三)素材搜集

网页中需要插入视频和动画。经过多方搜索,我们选择的是"忠诚于党"歌的 MV 和"中国共产党党史"的 flash 动画。此外,为了制作左侧新闻切换图片效果,我们在网上搜索到了一个合适的 JS 代码压缩包,当然也准备了新闻切换的素材图片。

最后还有一个准备做透明 Flash 的特别的 flash 动画,当然还有一个"视频报道"的空白页面"spbd 空白页面.html"。

图 4-4-7 展示的是"建党 90 周年"多媒体页面素材。

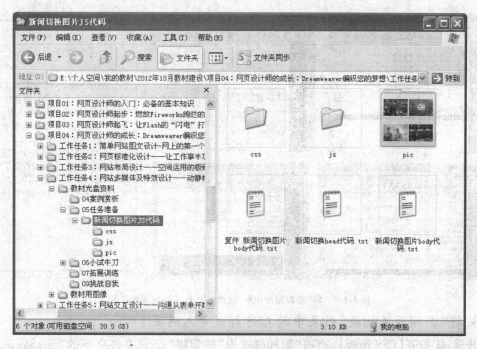

图 4-4-7 "建党 90 周年"多媒体页面需要的素材

六、任务开展

1. 复制并修改建党 90 周年首页得到"视频报道"页面

步骤:①在"建党 90 周年"站点文件夹中选中"index.html",复制为"spbd.html",删除部分 DIV,新建或修改部分 CSS 样式表,得到新的视频报道页面(注意:因为篇幅和时间问题就不一一叙述了,请大家直接到本书配套网上教学资源"04 任务准备"文件夹找到文件"spbd 空白页面.html");②把"04 任务准备|新闻切换图片 JS 代码"文件夹里的"css"、"pic"和"js"文件夹复制到站点文件夹下。所得结果如图 4-4-8 所示。

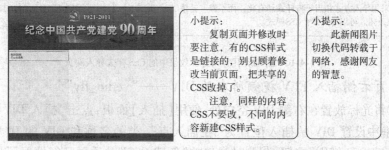

图 4-4-8 复制并修改建党 90 周年首页得到"视频报道"页面

2. 将"新闻图片切换"效果中的 JS 代码复制到网页代码中相应的位置

步骤:①将"spbd 空白页面.html"复制到站点文件夹下,并更名为"spbd.html",用 Dreamweaver 打开;②切换到"代码"视图,把"04 任务准备|新闻切换图片 JS 代码|新闻切换图片 body 代码.txt"中的所有代码粘贴到代码 < div id = "left" > 和 < div id = "leftText" > 之间;③把"04 任务准备|新闻切换图片 JS 代码|新闻切换图 head 代码.txt"中的所有代码粘贴到代码 </style > 和 </head > 之间。如图 4-4-9 所示。

图 4-4-9 将"新闻图片切换"效果中的 JS 代码复制到位置

3. 将"新闻图片切换"效果中的 CSS 样式导入网页

步骤:①打开【CSS 面板】,点击"附加样式表"按钮将"CSS"文件夹下的"picchange.css"样式导入;②在【CSS】面板可以查看到导入的样式;③此时预览网页,可以看到网页左侧已经出现了新闻图片切换的效果(如图 4-4-10)。

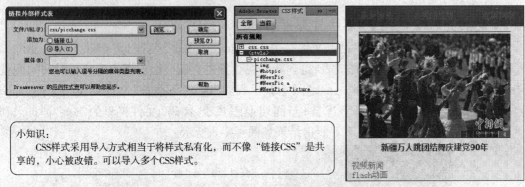

图 4-4-10 将"新闻图片切换"效果中的 CSS 样式导入网页

4. 在网页右侧插入 FLV 视频所在的 DIV——"vedio_flv"

步骤:①将光标放置在右侧 DIV 空白处,使用【插入】面板,点击"插入 DIV 标签";②在弹出的对话框中设置 DIV 的插入位置为"在插入点",类的名称和 DIV 的 ID 都为"vedio_flv",点击"新建 CSS 规则"按钮;③此时弹出的"新建 CSS"对话框已经填好了相应信息,确认一下样式表建立的位置是不是"css.css";④在弹出的"CSS 定义"对话框中选择"方框"项目,设置方框的宽高为 570 和 380,Margin 中设定 left 和 right 为"auto","确定"后网页中就插入了一个 ID 为"vedio_flv"的 DIV 标签。如图 4-4-11 所示。

5. 在网页右侧插入 FLV 视频

步骤:在网页中将 DIV 标签"vedio_flv"中的文字删除。①点击【插入】面板,在"媒体:SWF"项目中选择"FLV";②设定视频尺寸;③此时在网页的 DIV 标签"vedio_flv"中就插入了一个 FLV 视频;④保存网页时会弹出一个对话框,提醒保存两个 JS 文件。如图 4-4-12 所示。

 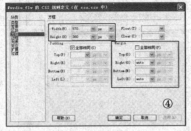

小提示：
CSS样式的使用非常灵活，建立CSS和插入DIV两个步骤没有绝对的先后，最终把DIV和CSS对应上即可。本例中利用"插入DIV标签"对话框同时进行两个步骤。

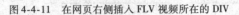

图 4-4-11　在网页右侧插入 FLV 视频所在的 DIV

小提示：
别忘了提前把素材拷贝到站点文件夹下对应的文件夹中，且最好不要使用中文命名，而是使用英文字母、拼音字母或数字。

小提示：
DW中提供的插入FLV视频功能，其实是集成了一段JS代码，因此最终保存的时候会提示我们保存JS代码。

图 4-4-12　在网页右侧插入 FLV 视频

6.插入视频的说明文字

步骤：①使用【插入】面板,在插入点 < div id ＝ vedio_flv > 标签之后插入一个类的名称和 DIV 的 ID 都为"vedio_text"的 DIV 标签;②新建 CSS 样式表建立的位置 CSS 样式的各项信息;③设置"#vedio_text css"样式中的类型、区块、方框类目的参数;④输入文字"忠诚于党歌"。如图 4-4-13 所示。

7.新建用于播放 flash 的页面"spbd-flash"

步骤：将刚才制作的"spbd.html"复制一份,修改文件名为"spbd-flash.html"。删除 flv 视频和视频下方的文字,得到右侧内容空白的页面。在站点文件夹中新建"flash"文件夹,并将素材中的"history.swf"拷贝进去。

8.插入 flash 短片和底部文字

步骤：使用菜单"插入|媒体|SWF",在弹出的对话框中指定 flash 动画"history.swf"的路径,会发现 Flash 动画超出了网页的尺寸,在属性栏将 Flash 尺寸修改为宽高 527、高 380。在 DIV"vedio_text"中输入文字"党的历史"。效果如图 4-4-14 所示。

图 4-4-13 插入视频的说明文字

图 4-4-14 插入 Flash 短片和底部文字

9. 给顶部 Banner 添加透明 Flash 动画

步骤：①将素材中的"feiniao.swf"拷贝到站点中的"flash"文件夹,预览动画,发现是蓝色背景的飞鸟动画；②在 Dreamweaver 的【文件】找到"flash"文件夹下的"feiniao.swf",拖动到顶部 Banner 所在 DIV 中,并选中 Flash,在【属性】栏中设置 Wmode 为"透明"；③再次预览,发现网页顶部 Banner 已经显示飞鸟动画,而且动画背景是透明的,如图 4-4-15 所示。

10. 给"index.html"页面添加背景音乐

步骤：在站点文件夹下新建"sounds"文件夹,将素材中的"zxfx.mp3"复制进去。①使用 Dreamweaver 打开"index.html",切换到代码视图,将光标放置在 <body> 标签后面按键盘上 Enter 键换行；②输入法切换到英文,在此行输入如图 4-4-16 所示代码。

图 4-4-15　给顶部 Banner 添加透明 Flash 动画

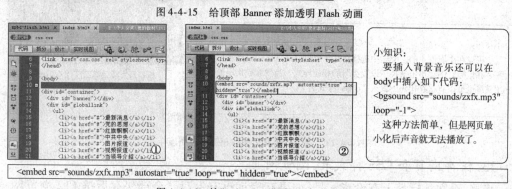

```
<embed src="sounds/zxfx.mp3" autostart="true" loop="true" hidden="true"></embed>
```

图 4-4-16　给"index.html"页面添加背景音乐

11. 制作页面左侧下方的彩色超链接

步骤：①再次使用 Dreamweaver 打开"spbd.html"文件，新建"类"样式"orange"作为彩色超链接的基本样式，设置其 CSS 参数；②新建样式"复合样式"——"a.orange:link"作为彩色超链接的基本样式，设置其参数；③新建样式"复合样式""a.orange:hover"作为彩色超链接的基本样式，设置其参数。如图 4-4-17 所示。

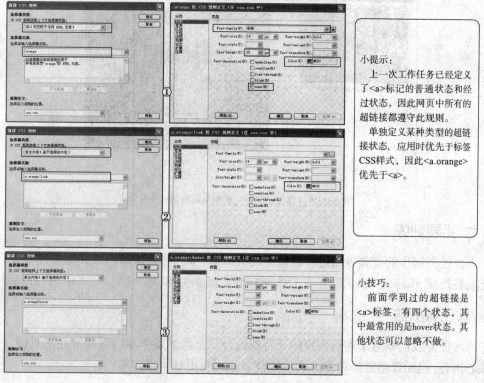

图 4-4-17　制作页面左侧下方的彩色超链接

12. 选中左侧 DIV 中的超链接应用该样式

步骤:点击左侧超链接,在状态栏上选择＜a＞标记,然后在【属性】上选择"类"为 orange,并链接到相应网页。最终效果如图 4-4-18 所示。

小技巧:

可以在【属性】的"类"中选择样式,也可以在状态栏中点击标签,在鼠标右键菜单中选择"设置类"的相应样式。当然如果代码使用熟练也可以直接在代码中输入"class=样式名"。

图 4-4-18 选中左侧 DIV 中的超链接应用该样式

13. 保存网页和 CSS 样式表,浏览网页

步骤:看文档标签上有没有＊号,如果有表示没有保存。全部保存后按 F12 浏览网页,最终效果如图 4-4-19 所示。

图 4-4-19 "建党 90 周年"视频报道页面最终效果

七、拓展训练

本次任务制作的视频界面还可以做得复杂丰富一点,例如试试插入其他视频格式,尝试将导航栏换成 Flash 动画,优化一下 CSS 结构等。图 4-4-20 是"建党 90 周年"官方页面。

八、任务小结

本次任务我们学习了网页多媒体及特效设计。虽然多媒体和网页特效在网页设计中不是核心内容,但配合超链接和 CSS 的应用能够让网页更加丰富多彩。

图 4-4-20 "建党 90 周年"官方页面

九、挑战自我

制作一个类似"网易图片专题"的网页,并从网上查找相关的 JS 代码。

图 4-4-21 为"网易图片专题"网页样例。

图 4-4-21 "网易图片专题"网页

工作任务 5　网站交互设计

 学习目标

1. 理解网页中表单的功能和作用。
2. 了解表单组件的功能。
3. 掌握表单各组件的使用方法。
4. 采用"行为"为表单设计交互动作。
5. 灵活运用表单设计具有交互功能的网页的创新。
6. 基础动态网页知识的创新。

一、开篇励志

"沟通是心与心的交流,是人类最美的语言!"有效的沟通能够让你获得更多信息,方便工作的开展。

二、设计任务

今天我们的任务是继续为"建党 90 周年"制作"写下祝福"页面,并允许用户在这个页面填写一些基本信息,写下对党的祝福。

三、设计知识

(一)表单

1. 表单的功能

表单可以根据用户输入的信息自动生成页面反馈给访问者,实现访问者与网站的交互功能。它能收集和发布信息,具有互动性。表单可以收集来自站点访问者的反馈信息,并将收集的信息以文本文件的形式保存或转化成网页或电子邮件发送给站点工作人员。

表单的用处很多,几乎无处不见,最典型的应用就是用户的注册、登录、留言、在线调查、搜索和订购商品等。图 4-5-1 是一个常见的表单页面。

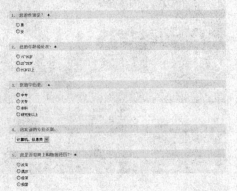

图 4-5-1 常见的表单页面

2. 表单的组成

表单在网页中主要负责数据采集功能。一个表单有三个基本组成部分:

(1)表单标签:这里面包含了处理表单数据所用 CGI 程序的 URL 以及数据提交到服务器的方法。

(2)表单域:包含了文本框、密码框、隐藏域、多行文本框、复选框、单选框、下拉选择框和文件上传框等。

(3)表单按钮:包括提交按钮、复位按钮和一般按钮,用于将数据传送到服务器上的 CGI 脚本或者取消输入。还可以用表单按钮控制其他定义了处理脚本的处理工作。

图 4-5-2 是一个简单的填写姓名的表单实例。

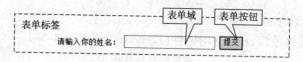

图 4-5-2 简单表单效果图

其 HTML 代码为：

```
< form action = "http://www.xjjtedu.com/html/yourname.asp"  method = "get" >
    请输入你的姓名：
    < input type = "text"  name = "yourname" >
    < input type = "submit"  value = "提交" >
</form >
```

其中 action 表示处理表单中用户填入的信息处理程序，而 method 表示发送表单信息的方式。method 有两个值：get 和 post。get 的方式是将表单控件的 name/value 信息经过编码之后，通过 URL 发送（可以在地址栏里看到）；而 post 则将表单的内容通过 http 发送，在地址栏看不到表单的提交信息。如果只是为取得和显示数据，用 get；一旦涉及数据的保存和更新，建议用 post。

3. 表单控件

在 HTML 网页上，用户的输入、内容的提交等都是在表单中完成的。表单之中包含有很多的 HTML 表单对象，即控件。

例如图 4-5-3 左侧是一个求职网页的新用户注册页面，右侧是 Dreamweaver 中【插入】菜单中表单项目的对应关系。

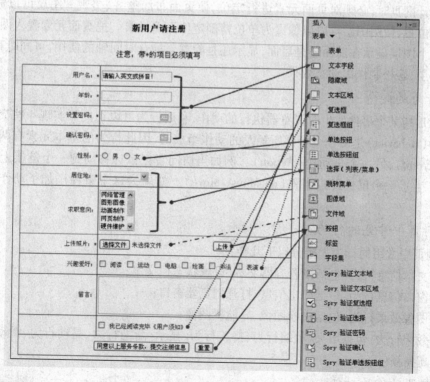

图 4-5-3　表单控件对应关系

4. 常用表单控件介绍

下面介绍 HTML 表单(Form)常用控件(Controls),详见表 4-5-1。

常用控件一览表 表 4-5-1

序号	表单控件	说明
1	input type = "text"	单行文本输入框
2	input type = "submit"	将表单(Form)里的信息提交给表单里 action 所指向的文件,提交按钮
3	input type = "checkbox"	复选框
4	input type = "radio"	单选框
5	select	下拉列表框
6	textArea	多行文本输入框
7	input type = "password"	密码输入框(输入的文字用 * 表示)

(二)网站中的行为

浏览网页时经常会看到变化的图像、滚动的新闻、弹出的公告等,这些动态效果一直被很多网友钟爱,这也成为网站具有生命力的原因之一。行为是 Dreamweaver CS6 中一项重要的功能。通过该功能,用户无须编写 JavaScript 脚本代码,即可通过界面操作选择相关类型的行为,并设置触发该行为的事件以及目标,实现网页的各种交互应用。

在设计网页时,必须对页面元素进行定位,使页面布局整齐、美观。图层可以放置在页面的任意位置,使用图层可以以像素为单位精确定位页面元素。把页面元素置入图层中,可以控制某个图层显示在前面还是后面,显示还是隐藏。配合时间轴的使用,可同时移动一个或多个图层,轻松制作出动态效果。

1. 行为的概念

行为是指某个事件发生时浏览器执行的动作,利用行为可以在网页实现一些交互功能。一个行为(Behavior)是由一个事件所触发的动作组成的,因此行为的基本元素有两个:一个是事件(Event),另一个是动作(Action)。例如当访问者把鼠标移动到一个链接上时,这个链接就产生了一个鼠标经过事件(on Mouse Move)。如果为这个事件添加了动作,则动作被执行。

2. 网页中常见的行为

在网页中常用的行为大概分以下几类:

(1)文本信息行为:包括设置容器文本、设置状态栏文本;

(2)窗口信息行为:包括弹出信息、打开浏览器窗口;

(3)图像效果行为:包括交换图像、导航栏图像;

(4)效果行为:包括增大/收缩行为、挤压行为、显示/渐隐行为、晃动行为、滑动行为、遮帘行为、高亮颜色。

3. 常见动作的功能

常用动作的功能详见表 4-5-2。

常用动作功能一览表 表4-5-2

动作名称	动作的功能
交换图像	发生设置的事件后,用其他图片取代选定的图片。此动作可以实现图像感应鼠标的效果
播放声音	设置事件发生后,播放链接的声音
打开浏览器窗口	在窗口中打开URL,可以定制新窗口的大小
弹出信息	设置事件发生后,显示警告信息
调用JavaScript	事件发生时,调用指定的JavaScript函数
改变属性	改变选定客体的属性
恢复交换图像	此动作用来恢复设置"交换图像",却又因为某种原因而失去交换效果的图像
检查表单	此动作能够检测用户填写的表单内容是否符合预先设定的规范
检查插件	确认是否设有运行网页的插件
检查浏览器	根据访问者的浏览器版本,显示适当的页面
控制Shockwave或Flash	本动作用于控制Shockwave或Flash的播放
设置导航条图像	制作由图片组成菜单的导航条
设置文本	(1)设置层文本:在选定的层上显示指定的内容; (2)设置框架文本:在选定的框架页上显示指定的内容; (3)设置文本:在文本字段区域显示指定的内容; (4)设置状态条文本:在状态栏中显示指定的内容
时间轴	用来控制时间轴的动作,可以播放、停止动画,或者移动到特定的帧上
跳转菜单	制作一次可以建立若干个链接的跳转菜单
跳转菜单开始	在跳转菜单中选定要移动的站点后,只有单击"开始"按钮才可以移动到链接的站点上
拖动层	使层可以被拖动,当浏览者在层上按下鼠标不放拖动时,层会跟随鼠标移动
显示/隐藏层	根据设置的事件,显示或隐藏特定的层
显示弹出式菜单	此动作专门用来制作一个响应事件的弹出式菜单
隐藏弹出式菜单	此动作与"显示弹出式菜单"对应使用
预先载入图像	为了在浏览器中快速显示图片,事先下载图片之后显示出来
转到URL	选定的事件发生时,可以跳转到指定的站点或者网页文档上

事件决定了为某一页面元素所定义的动作在何时被执行,即在何时触发一个动作。需要注意的是,不同版本的浏览器所支持的事件类型也不相同。

窗口交互行为也是一种重要的网页交互行为,是与浏览器窗口、浏览器对话框相关的各种网页交互行为。在Dreamweaver CS6预置的行为中,网页交互行为主要包括弹出信息和打开浏览器窗口等两种窗口交互行为。有关窗口、鼠标和键盘、表单及其他的事件详见表4-5-3～表4-5-6。

有关窗口的事件一览表 表4-5-3

事件名称	说明
onAbort	在浏览器中停止加载网页文档操作时发生的事件
onMove	移动窗口或者框架窗口时发生的事件
onLoad	选定的对象出现在浏览器中时发生的事件
onResize	访问者改变窗口或者框架窗口的大小时发生的事件
onUnload	访问者退出网页文档时发生的事件

有关鼠标和键盘的事件　　　　　　　　　表 4-5-4

事件名称	说　明
onClick	用鼠标单击选定元素的一瞬间发生的事件
onBlur	鼠标指针移动到窗口或者框架窗口外部，即在这种非激活状态下发生的事件
onDragDrop	拖动并放置选定元素的一瞬间发生的事件
onDragStart	拖动选定元素的一瞬间发生的事件
onFocus	鼠标指针移动到窗口或者框架窗口上，即在激活以后发生的事件
onMouseOver:	鼠标位于选定元素上方时发生的事件
onMouseUp:	按下鼠标再放开左键时发生的事件
onMouseOut:	鼠标移开选定元素时发生的事件
onMouseDown:	按下鼠标时（不放开左键）发生的事件
onMouseMove:	鼠标指针经过选定元素上方时发生的事件
onMouseMove	鼠标指针经过选定元素上方时发生的事件
onScroll	当浏览者拖动滚动条时发生的事件
onKeyDown	在键盘上按住特定键时发生的事件。也就是按下特定键还没有松手时发生的事件
onKeyPress	在键盘上按特定键时发生的事件。也就是按下特定键并马上松手时发生的事件
onKeyUp	在键盘上按下特定键时发生的事件。也就是按下特定键，当松手时发生的事件

关于表单事件一览表　　　　　　　　　表 4-5-5

事件名称	说　明
onAfterUpdate	更新表单文档的内容时发生的事件
onBeforeUpdate	改变表单文档的项目时发生的事件
onChange	访问者修改表单文档的初始值时发生的事件
onReset	将表单文档重新设置为初始值时发生的事件
onSubmit	访问者传送表单文档时发生的事件
onSelect	访问者选定文本字段中的内容时发生的事件

其他事件一览表　　　　　　　　　表 4-5-6

事件名称	说　明
onError	在加载文档过程中，发生错误时发生的事件
onFilterChange	运用于选定元素的字段变化时发生的事件
Onfinish Marquee	用 Marquee 功能显示的内容结束时发生的事件
Onstart Marquee	开始应用 Marquee 功能时发生的事件

（三）AP DIV 元素

AP DIV 元素又简称 AP 元素，是 Dreamweaver 独有的一种布局元素，是带有特殊属性的 DIV 标签。在 Dreamweaver 中，用户可以方便地设置 AP DIV 元素的位置、尺寸和层叠顺序等属性，从而实现灵活的布局，或将各种网页对象放置在页面的任意位置。基于此特点，网页行为大多与 AP DIV 元素有关。AP DIV 元素是 DIV 标签的一种特殊实例。

旧版本的浏览器在查看 AP DIV 时可能有些问题,所以要想保证其在浏览器的可见性,可以在后期将其转换为表格。

(四)Spry 框架

Spry 框架是以 JavaScript 结合 XHTML 和 CSS 样式等技术开发的一种布局元素,是一种简单的网页交互解决方案。使用 Spry 框架,用户可以方便地为网页添加各种菜单、导航以及面板等结构,丰富网页应用,并且无需刷新整个页面。

Dreamweaver CS6 提供了 Spry 菜单栏(横向和垂直两种)、SPY 选项卡式面板、Spry 折叠式、Spry 可折叠面板四种方式,如图 4-5-4、图 4-5-5 所示。

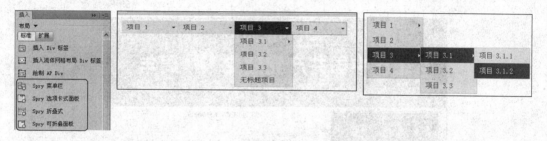

图 4-5-4　Spry 的几种方式水平菜单栏、垂直菜单栏

图 4-5-5　Spry 选项卡式面板、Spry 折叠面板

四、案例赏析

以上 Spry 四种样式可以从本书配套网上教学资源中看到,大家可以自己观赏效果,查看源文件。

五、任务准备

(一)设计分析

此次的任务是要为上次工作任务"建党 90 周年"制作一个"写下祝福"页面。该网页仍然延续之前站点页面的整体风格,左侧保持上个工作任务的内容,右侧将视频报道更换成表单。在表单中用户可以填写自己的年龄、性别等基本信息,最后写下对祖国对党的祝福。

功能实现上,通过 DIV+CSS 样式表布局和美化整个网页,在网页中使用表单及其控件实现搜集信息的功能(见表4-5-7)。

任务使用的控件及功能　　　　　　　　　　　　　　表4-5-7

序号	功能	对应的控件	序号	功能	对应的控件
1	采集年龄	文本区域	4	采集爱好	多选按钮
2	采集性别	单选按钮	5	采集祝福	文本区域
3	判断是否党员	下拉菜单	6	提交表单	按钮

最后加入一个网页行为,点击"提交"按钮的时候,弹出一个对话框。最终,建党90周年网页的"写下祝福"页面效果设计如图4-5-6所示。

图4-5-6 "写下祝福"页面效果设计图

(二)技术分析

使用工具:Dreamweaver CS6。

使用技术(表4-5-8):

任务使用技术分析　　　　　　　　　　　　　　表4-5-8

序号	技术	难度系数
1	CSS 样式表的升级应用	★★★☆☆
2	表单的设置与代码含义	★★★★☆
3	HTML 代码阅读与修改	★★☆☆☆
4	各类型表单控件的含义	★★☆☆☆
5	表单控件的使用与参数设置	★★★☆☆
6	"行为"中事件与动作的配合	★★★☆☆
7	在网页中产生"行为"	★★★★★

（三）素材搜集

本次任务沿用前面工作任务的资料，暂无更新。

六、任务开展

1. 将半成品网页复制到站点中并命名

步骤：将"04 素材准备"文件夹中的"xxzf 空白页.html"文件拷贝到站点文件夹中，并改名为"xxzf.html"，使用 Dreamweaver 打开。

2. 插入表单顶部 DIV 标签和文字

步骤：①在 <div id="middle_new"> 标签开始之后插入 DIV 标签，设置类名和 ID 都为"form_title"；②在弹出的"新建 CSS 样式规则"对话框中底部选择"新建样式表文件"，将样式表保存在站点下，取名为"form.css"，设置其样式项目如图 4-5-7②；③在 DIV 中输入文字"在此写下您的祝福"。效果如图 4-5-7③所示。

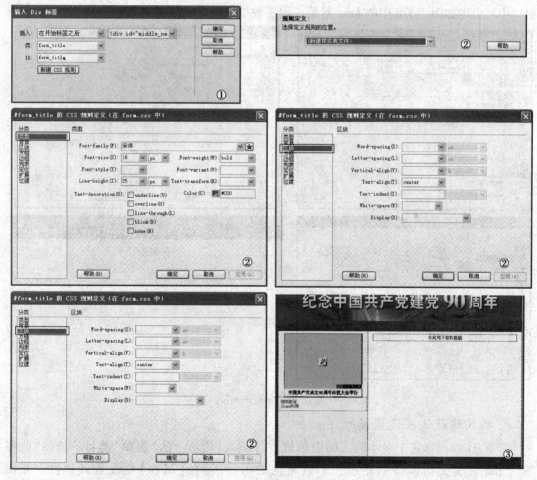

图 4-5-7 插入表单顶部 DIV 标签和文字

3. 插入"表单"

步骤：①在【插入】面板中选择"表单"项目；②此时文档中出现了一个红色的虚线框，点击选中表单；③在【属性】设置表单的 ID 为"form_zhufu"，动作设为"#"，其他参数可以暂时不填;④切换到"代码"视图,查看 form_zhufu 的 html 代码。如图 4-5-8 所示。

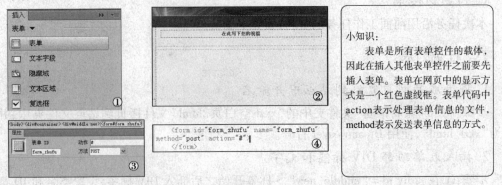

小知识:
表单是所有表单控件的载体,因此在插入其他表单控件之前要先插入表单。表单在网页中的显示方式是一个红色虚线框。表单代码中 action 表示处理表单信息的文件,method 表示发送表单信息的方式。

图 4-5-8 插入"表单"

4. 设置表单"form_zhufu"的 CSS 样式

参考步骤:在 CSS 面板上新建名为"#form_zhufu"的"ID"类型样式表,并设置参数,文档窗口中将出现如图 4-5-8 中的 form 对象。设置表单 CSS 样式如图 4-5-9 所示。

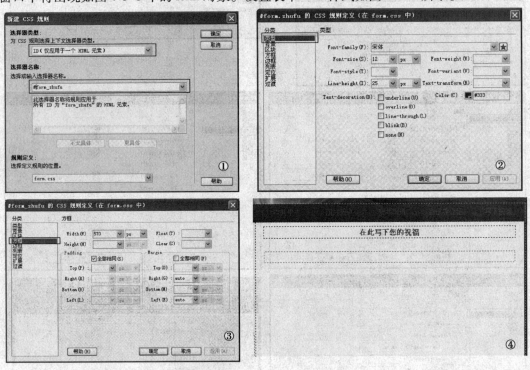

图 4-5-9 设置表单"form_zhufu"的 CSS 样式

5. 插入隐藏域并设置属性

步骤:①将光标置于刚才插入的表单域,在【插入】面板上的"表单"类目下选择"隐藏域";②此时在文档窗口中显示一个金黄色的图标;③在【属性】栏设置其属性。如图 4-5-10 所示。

6. 设置表单布局的 Div 统一样式

步骤:①新建名为"form_div"的"类"样式;②设置其参数;③在【插入】面板在标签 <form_zhufu>结束之前"插入 Div 标签","类"使用刚才建立的 form_div 样式;④在文档窗口可以看到已经产生了一个上、左、右都无边框的 DIV,只有底部有一条点状线,如图 4-5-11 所示。

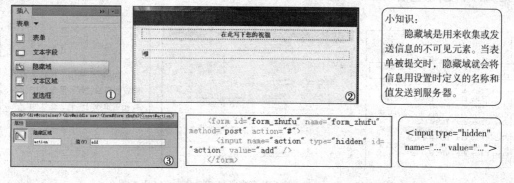

图 4-5-10　插入隐藏域

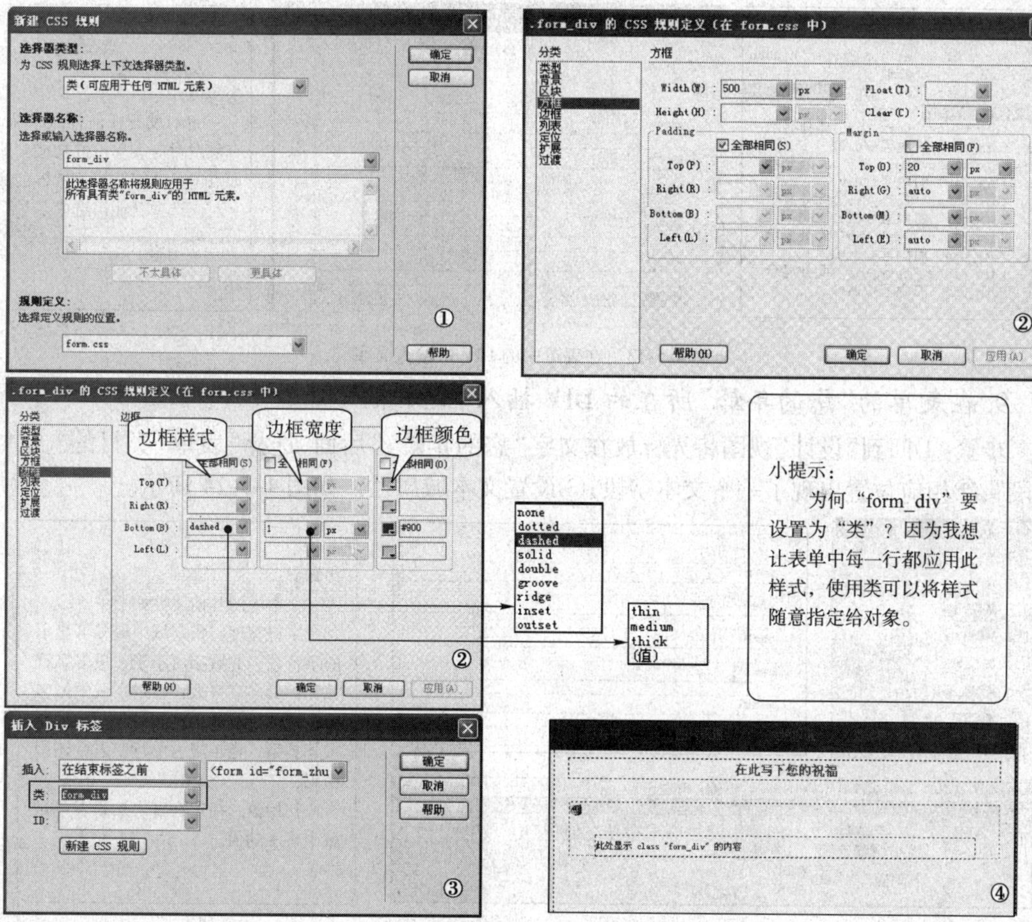

图 4-5-11　设置表单布局的 DIV 统一样式

7. 将刚才建立的 DIV 多次复制,产生其他的 DIV 标签

步骤:选中刚才建立的 DIV,切换到"代码"视图,将图中蓝色反蓝部分复制一遍,粘贴六遍。设计视图中效果如图 4-5-12 所示。

8. 在表单中的 DIV 中输入文字

步骤:①在"代码"视图中,选中表单中的第一个 DIV 中的内容,全部替换为"< label >

您的年龄：</label>"；②同理将其他四个DIV的文字内容也制作出来，最后一个DIV内容暂时保持不变；③查看"设计"视图，发现每个DIV的文字内容都已经改变。如图4-5-13所示。

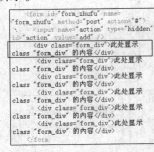 

图4-5-12 将刚才建立的DIV多次复制，产生其他的DIV标签

图4-5-13 在表单中的DIV中输入文字

9. 在表单的"您的年龄"所在的DIV插入"文本框"

步骤：①回到"设计"视图将光标放在文字"您的年龄："后面，选择"表单"类目的"文本字段"；②相应位置出现了一个文本字段；③设置文本域属性。如图4-5-14所示。

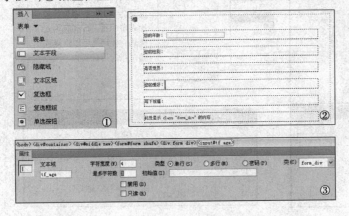

图4-5-14 在表单的"您的年龄"所在的DIV插入"文本框"

10. 在表单的"您的性别"所在的DIV插入"单选按钮"

步骤：①选择【插入】面板中"表单"类目的"单选按钮组"；②在弹出的"单选按钮组"设置如图4-5-15②属性，此时在文档窗口可以看到已经添加竖版的两个单选按钮；③切换到"代码"视图，找到相应代码，将图4-5-15中框选的html代码删除；④形成横向按钮效果，如图4-5-15④。

204

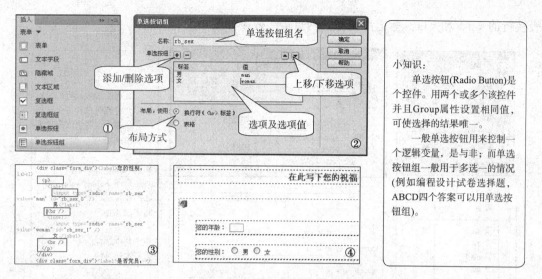

图 4-5-15 在表单的"您的性别"所在的 DIV 插入"单选按钮"

11. 在表单的"是否党员"所在的 DIV 插入"下拉菜单"

步骤：①选择【插入】面板中"表单"类目的"选择（列表/菜单）"；②文档窗口出现一个下拉菜单；③点击选中此下拉菜单，在【属性】栏设置属性；④点击"列表值"按钮，设置列表值。网页效果如图 4-5-16⑤所示。

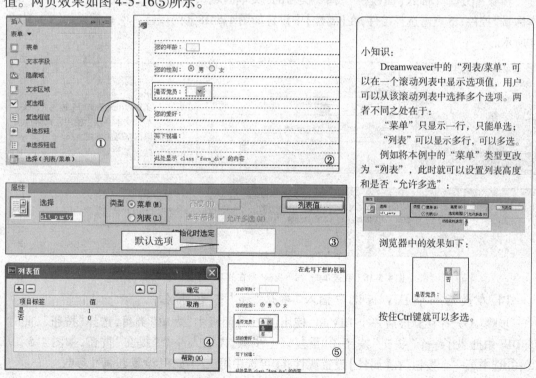

图 4-5-16 在表单的"是否党员"所在的 DIV 插入"下拉菜单"

12. 在表单的"您的爱好"所在的 DIV 中插入多选按钮

步骤：①选择【插入】面板中"表单"类目的"复选框组"；②在弹出的对话框中设置如下"小知识"中的参数；③此时文档窗口的显示效果如图 4-5-17③；④切换到"代码"视图，把代

205

表换行的<p>和
标记都删除。网页最终效果如图 4-5-17 所示。

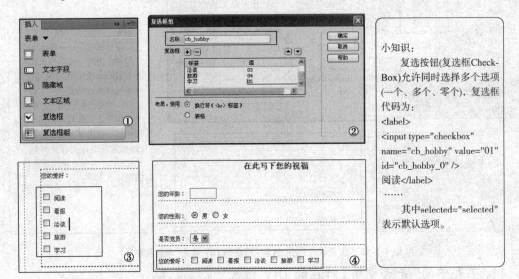

图 4-5-17　在表单的"您的爱好"所在的 DIV 中插入多选按钮

13. 在表单的"写下祝福"所在的 DIV 中插入文本域

步骤：①选择【插入】面板中"表单"类目的"文本区域"；②此时在文档中出现了一个"文本区域"控件；③点击选择控件，在【属性】中设置如图 4-5-18③的属性。网页效果如图 4-5-18④所示。

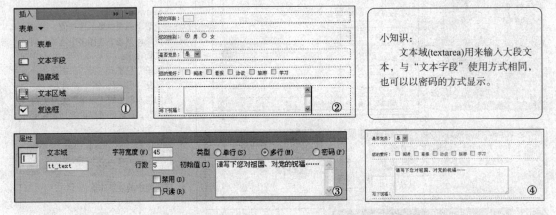

图 4-5-18　在表单的"写下祝福"所在的 DIV 中插入文本域

14. 在最后一个 DIV 标记中插入"确认"和"重置"按钮

步骤：①光标移到最后一个 DIV 里，使用【插入】面板中"表单"类目，选择"按钮"，此时该 DIV 中插入了一个"提交"按钮；②重复以上步骤，再插入一个"提交"按钮，如图 4-5-19②；③选中第一个按钮，在【属性】设置属性；④再选中第二个按钮，设置其属性参数。

15. 预览当前表单效果

步骤：保存网页及 CSS 文件，按 F12 在浏览器中预览网页，效果如图 4-5-20 所示。

16. 使用 CSS 美化表单文字

步骤：①在【CSS 样式】面板上新建"标签"类型的"label"样式；②设置参数如图 4-5-21②；③此时表单中文字效果如图 4-5-21③所示。

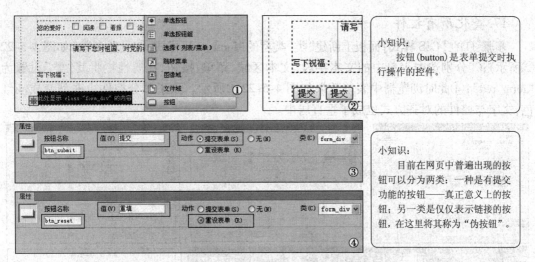

小知识：

按钮(button)是表单提交时执行操作的控件。

小知识：

目前在网页中普遍出现的按钮可以分为两类：一种是有提交功能的按钮——真正意义上的按钮；另一类是仅仅表示链接的按钮，在这里将其称为“伪按钮”。

图 4-5-19　插入“确认”和“重置”按钮

小知识：

除了本次任务练习的几个表单控件，还有跳转菜单、文件域、图像域等表单组件，大家可以在课余练习一下。

此外，为了让表单更美观，可以采用CSS样式来美化。通过对表单中文字(如大小、颜色)和组件(背景颜色、边框效果)的设置可达到丰富多彩的效果，甚至还可加上鼠标悬停等动态效果。

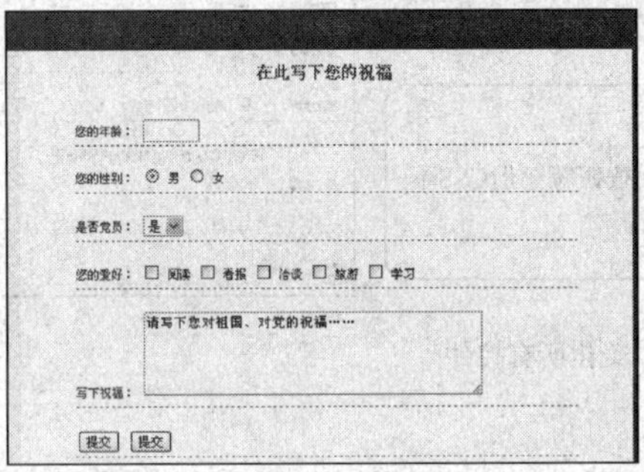

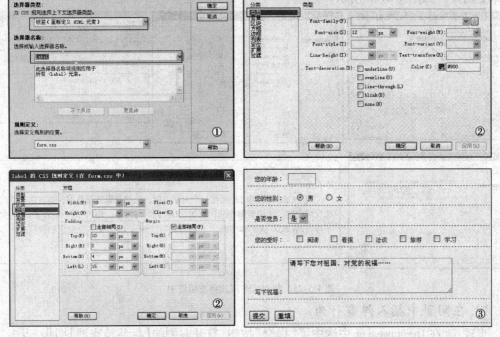

图 4-5-20　预览当前表单效果

图 4-5-21　使用 CSS 美化表单文字

17. 美化所有控件

步骤：①在【CSS 样式】面板上新建"类"类型的"form_red"样式；②设置参数（如图4-5-22②所示）；③分别选中表单中的文本字段、文本区域、菜单、按钮，在属性栏将其"类"设置为"form_red"；④此时浏览器中表单效果如图4-5-22④所示。除了部分控件边框都变成淡红色，文字与控件的对齐方式也成了垂直居中。

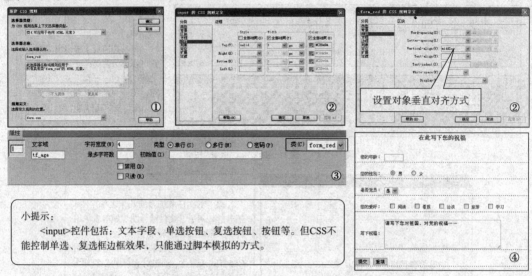

小提示：
　　<input>控件包括：文本字段、单选按钮、复选按钮、按钮等。但CSS不能控制单选、复选框边框效果，只能通过脚本模拟的方式。

图4-5-22　美化所有控件

18. 使用 CSS 样式将按钮居中

步骤：①在【CSS 样式】新建一个名为"#bt"的"ID"类型的样式；②设置参数；③选中按钮所在的 DIV，在【属性】中设置 id 为"bt"；④此时文档中已经显示效果，不过还是在浏览器中效果更明显。如图4-5-23所示。

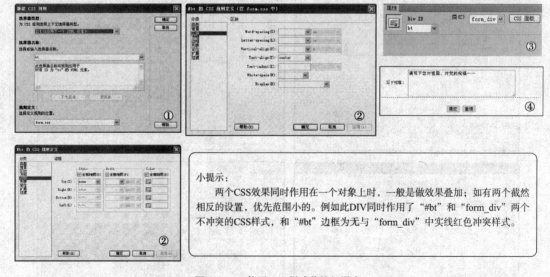

小提示：
　　两个CSS效果同时作用在一个对象上时，一般是做效果叠加；如有两个截然相反的设置，优先范围小的。例如此DIV同时作用了"#bt"和"form_div"两个不冲突的CSS样式，和"#bt"边框为无与"form_div"中实线红色冲突样式。

图4-5-23　使用 CSS 样式将按钮居中

19. 在网页中插入弹窗行为

步骤：①在 Dreamweaver 中选中了"提交"按钮，打开右侧的【标签检查器】面板，点击"行为"上的 +，选择"弹出信息"；②在弹出的对话框中输入"感谢您的祝福！"；③按"确定"返回"行为"，可以看到已经添加了一个"行为"，事件是"单击"，动作是"弹出信息"。效果如图4-5-24 所示。

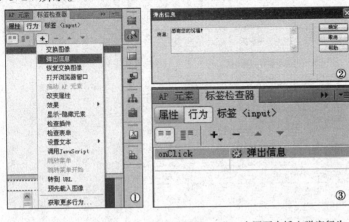

小提示：
　　Dreamweaver CS6已不再推荐使用时间轴、布局模式、"站点地图"视图、Java Bean支持、ASP.NET和JSP服务器行为和记录集等功能。时间轴功能去掉了也不足为奇，毕竟现在用脚本生成的图片浮移动画更具灵活性，样式也很漂亮。

图4-5-24　在网页中插入弹窗行为

20．保存网页，并浏览效果

步骤：逐个保存网页，并按F12在浏览器中查看网页的效果。在浏览器中点击页面上的"提交"按钮，立即弹出一个对话框，如图4-5-25 所示。

七、拓展训练

通过练习，我们学习了一些常见的表单控件。为了让表单的功能更强大，我们可以尝试一下【插入】面板的"表单"项目下如图 4-5-26 所示的表单控件，以实现简单的表单验证功能。还等什么，虽然通过名称可以猜到功能，但"绝知此事要躬行"，还是亲自试一试，看看效果吧。

图4-5-25　浏览网页效果

图4-5-26　Spry 表单控件

八、任务小结

这次的任务完成需要细心和耐心，表单和行为里面还包含很多没有讲到的知识和内容，大家可以借助互联网查找，更新知识。此外，表单的作用是从客户端收集信息，并将其发送到服务器，服务器端脚本或应用程序将对这些信息进行处理。这次的内容将与后期动态网页技术联系紧密。

九、挑战自我

图 4-5-27 是一个个人求职登记网页,请大家仿做出来,还可以根据自己的喜好美化一下。

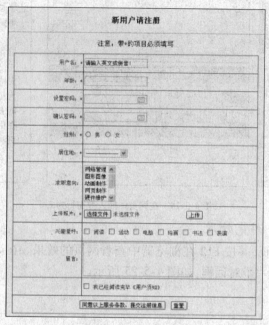

图 4-5-27 个人求职登记网页

项目5　网页设计师的提高

工作任务1　网站管理

学习目标

1. 了解网站运营与管理基础知识。
2. 理解网站运营模式和内容。
3. 理解网站运营管理策略。
4. 掌握网站运营方法与技巧。
5. 理解网站运营成功要点和失败原因。
6. 自己网站运营模式分析和汇总的创新。

一、开篇励志

"学无止境,一路向前",要成长与发展,就必须不断学习。前期的网站策划定位,后期的设计架构,是个漫长的过程。等到网站制作完成,下面就是怎样营运和管理了。

二、任务目标

一个企业的网站,仿佛是企业构筑的一个舞台,唱戏的是企业的产品和服务,观众就是网站的浏览者。舞台搭建的再好,戏班子唱得再好,没有观众就等于是白搭。网络营运就是帮助这个舞台和戏班子招徕观众的方法。

网站运营是指企业在导入电子商务营运活动的过程中,针对企业网站网络营销基础平台的成长,施行网站策划、产品开发、网络营销、客户服务、网站管理、网站维护、网站内容更新和针对网站行使的推广活动。

网站运营是网站倍增活力和生命力的过程。对一个网页设计师或网站管理员来说,掌握网站运营和管理相关的知识和基本技能是非常必要的,以下就来了解一下这方面的基础知识和技巧。

三、知识卡片

(一)网站运营的含义

网站运营是指网络营销体系中一切与网站的后期运作有关的工作,主要包括网站流量监控分析、目标用户行为研究、网站日常更新及内容编辑、网络营销策划及推广活动等内容。

(二)网站运营步骤

1. 市场分析

(1)网站的功能与作用:网站采用新开发系统后,一定要有新颖的内容出现在网站中。

新页面的效果以及功能不仅可以吸引来访者,还可以给来访者提供娱乐休闲。

(2)用户从网站有没有直接获得利益:用户从网站本身能得到什么,是我们最关心的。建立一个网站的价值,必须看看这方面做得有何成效。

(3)网站需要的广告和客户:一个网站的广告能够给网站带来直接的利益。客户也是一种宣传力,借助客户的口碑,可以让不了解的人了解,了解的人分享网站。

2. 解决方案

根据网站的功能确定网站技术解决方案。

(1)采用稳定、处理快速的南北互通的服务器;

(2)选择操作系统,用 Unix、Linux 还是 Window2000/NT 等,分析后再投入功能的开发,注重稳定性和安全性;

(3)采用系统策划性的解决方案(如 IBM,HP)等公司提供的企业上网方案、电子商务解决方案还是自己开发;

(4)网站安全性措施,防黑、防病毒方案;

(5)相关程序开发,如网页程序 ASP、PHP、JSP 等数据库程序。

3. 内容策划

(1)根据门户网站的目的策划网站内容;

(2)电子商务类网站要提供会员注册、详细的服务信息、信息搜索查询、个人信息保密措施、相关帮助等;

(3)如果网站栏目较多,可考虑采用网站编程专人负责相关内容。注意:网站内容是网站吸引浏览者最重要的因素,无内容或不实用的信息不会吸引浏览的访客。

4. 网页设计

(1)网页设计与美术设计的要求。网页美术设计一般要与网站整体形象一致,要符合 CI 规范。注意网页色彩、图片应用及版面策划的一致性,上下相呼应,图片和模块的摆放要有特色和风格;

(2)在新技术采用上要考虑目标访问群体的分布地域、年龄阶层、网络速度、阅读习惯等;

(3)制订网页的改版计划,如半年到一年时间进行较大规模改版。一个网站做成后,最好是一年一换版,换的时候不要破坏大的风格和色调。

5. 网站维护

(1)对服务器及相关软硬件的维护中可能出现的问题进行评估,进行很多测试,制定响应的时间;

(2)数据库的维护。有效利用数据是网站维护的一项重要内容,为此程序数据库要定期维护,清理一些不必要的冗余;

(3)内容更新和调整。网页在一段时间内必须进行更新,调整内容,以便浏览者看到新的内容;

(4)制定相关网站维护的规定,将网站维护制度化、规范化。制订一张网站维护制度和规范表,由专人负责,保证网站的运营质量和效率。

6. 网站测试

网站发布前要进行细致周密的测试,以保证正常浏览和使用。主要测试内容包括:

(1) 服务器稳定性、安全性;
(2) 程序及数据库测试;
(3) 网页兼容性测试(如浏览器、显示器);
(4) 根据需要的其他测试。

7. 发布推广

(1) 网站测试后进行的广告宣传活动。通过媒体或者网络做广告宣传,以达到更多的访问量;
(2) 网站推广登记。网站做好后可以放到 Yahoo、Baidu、Google 上的查找关键字中,以达到更好的宣传作用。

8. 系统更新

制订日程表,分配各项任务的开始时间、完成时间和负责人等。一个网站建设必须有专业的设计师,美工,程序设计师,策划师和项目经理,及负责监督安排整个网站工程时间和质量的负责人。

(三)网站运营模式

目前我国网站按是否商业运营可分为非经营性网站和商业网站两种。非经营性网站由政府拨款建设,专门部门管理运营,资源免费使用,不涉及商业运营。如各地教育厅(委、局)网站属于此类。商业网站由企业投资,商业化运作。如企业投资的教育信息服务、教学资源、增值服务、教育城域网都属于此类。

不同商业网站运营模式是不同的,大概有如下几种模式:

1. 基础网络服务模式

网站类型:大部分经营性教育城域网,一般由卖方信贷业主运商。

运营模式:网络运营商收益主要来自于网络接入费用,接入学校每月缴纳宽带使用费数额从数百元至数千元不等,学校对学生收课余上机实习费作为补贴。运营商提供相关教育信息、教育资源、应用服务等。

经营理念:此类网络一般由卖方信贷建立起来,投资者看中的是规模庞大的网络使用,上百所学校、上万教师、几十万名学生,此外还有可作为附属客户的数十万个家庭。

主要特点:目前教育城域网的优点是收费方式简单稳定,接入学校达到一定规模后收益比较好;缺点是一刀切的收费容易引起学校的异议,有失公平。

2. 网校模式

网站类型:各类网校、家教网站、在线辅导网站。

运营模式:本类网站一般为"名校+名师+同步教学+在线辅导",企业与学校联合举办,以学费、会员费、辅导费为主要收入,为学生、社会有需求人士提供远程教育、在线辅导、同步教学服务等。

经营理念:企业出钱、学校出人,结成利益共同体,企业一般处于主导地位。投资者看中是学校的名气以及吸引的学生数量。敢于开网校的一般都是重点学校,重点学校的升学率很高,家长愿意花钱,投资有回报。

主要特点:本类网站不少已办出品牌,如 101 网校等,在目前各地教育厅禁止教师有偿家教后,市场前景更看好。

3. 电子商务模式

网站类型：教育电子商务网站(产品销售、电子商城)。

运营模式：教育产品在线交易，通过网络销售教育产品，包括教育装配、教育资源、教育用品等，主要收益来自于交易佣金及会员费。

经营理念：典型的教育行业电子商务网站产品一般为教学资源、教学设备、教学仪器、IT设备、图书、音像等，交易方式有B2C、C2C两种。这种网站属于垂直型的电子商务网站。

主要特点：随着网民观念的改变、电子商务的务实化，教育电子商务网站前景看好。

4. 信息服务模式

信息服务模式的网站包括教育信息网站、招生考试网站、教育招投标网站。

运营模式：此类网站又可细分为两类：一是教育门户网站，提供免费教育信息服务，通过庞大的浏览量、点击率获取广告收入；二是提供有偿信息服务，通过网络为用户提供有价值的教育类信息服务，主要收益来自于用户交纳的会员费。

经营理念：典型的ICP网站，在内容建设上更讲求深度、专业化，免费网站的浏览量一般非常大。

主要特点：收费信息网站服务向深加工、专业化拓展，有别于传统的ICP网站，毕竟互联网免费的观念存在使有偿信息服务之路很艰难。

5. 教育 IDC(Internet Data Center) + ASP(Application Service Provider) 模式

运营模式：运营商通过建设一个功能强大的网络和应用系统平台，设立数据中心，并通过此系统平台为各级教育单位构建网络门户以及教学、办公和管理的应用程序和教学资源库，提供各种网络应用和增值服务。

经营理念：在IDC + ASP模式下，用户无需购买应用软件以及大批量的应用服务器，无需建立、维护庞大复杂的计算机系统，只需通过Web的方式即可获得所需服务，从而降低教育信息化的成本，低成本高效率，功能强大。

主要特点：IDC + ASP"一网对多网"的指导思想，是在一个完善的整体应用平台之上，建立各种虚拟专用网络和应用，如网络教学网、教务管理网、招生考试网等。教育IDC + ASP给各种复杂应用提供了坚实的基础架构，能够开展各种网络多媒体应用。不少专家认为，此方式是教育信息化最经济合理的解决方案，同时也是未来的发展方向。

（四）网站运营内容

企业的网站运营包括很多内容，主要包括域名的构思选择、网站宣传推广、网络营销管理、网站的完善变化、网站后期更新维护、网站的企业化操作等。

网站运营内容主要包含一个目的、两个方向、四个步骤。

一个目的：实现盈利并发展壮大。

两个方向：一是提升公司品牌，二是提高流量。

（1）提升品牌：提升公司品牌概念，建立诚信体系，获得良好的口碑。

（2）提高流量：多写专题文章，去各大论坛发发，有人称为写软文，提高用户黏度；经常开展符合网站发展需要、受用户群体欢迎的活动；增加网站相关性文章；增加搜索和访问机会、其他广告或者合作。

四个步骤：对网站定位以及赢利模式进行分析，对网站进行优化和完善，制定网站运营推广方案，对网站营销进行管理和修订。

（五）网站运营管理策略

1. 搜索引擎推广策略

搜索引擎营销是最精准的网络营销推广策略，是一个网站永远离不开，并能让网站倍增生命活力的营销推广方式。最常见的搜索引擎营销推广方式为聘请 SEO（Search Engine Optimization，搜索引擎优化）服务和投放搜索引擎点击排名广告。但 SEO 服务和搜索引擎排名广告是有区别的。

SEO 服务是通过形形色色的技术手段，争取让网站在搜索引擎自然搜索列能获得良好的排名；搜索引擎排名广告则是在付费后直接进入搜索引擎排名榜列阵。两种形式的目的是一样的，都希望通过搜索引擎提升网站在浏览者增加受众机会。

2. 增加营运网站的外部链接策略

增加网站的外部链接的目的，是一种变相提升搜索引擎自然排名的一种手段。由于外部链接存在不可操控性，不管是在提高页面权重还是相关性方面所起的作用都远大于内部链接。寻找高质量外部链接是一项十分艰巨的任务，耗时长，工作过程乏味。

3. 信息推广策略

信息推广就是通过在其他专业、具有相关性的网站发布信息，引导受众者通过目标受众，进入目标主体网站的一种行为。这样能更好地吸引浏览者进入营运的站点，增加网站受众率。

4. 网络广告投放策略

网站营运，在其他网站投放广告也是很有效的方式，但这需要制订好一整套有利于提升网站访问量的广告推广策略。完成这样一套精准的广告投放策略，一般需要一支优良团队的密切配合。这就是网络广告投放需要精准的定位理论。

（六）网站运营成功要点

要成功的运营一个站点并不容易，需要注意到方方面面的信息。

1. 积累权重

一个新网站，刚开始权重都是很低的，所以要坚持累积网站的原创文章，积累网站的链接。

2. 积累外链

网站的外链是一个慢慢累积的过程。每天手工给网站做 10 个外链，确实很慢，但是效果却很好。每个外链都是最相关的，也是最稳定的。

3. 累积用户

累积客户是很重要的。累积客户就要实实在在地给客户提供一些货真价实的内容，对客户有帮助的内容才能留住客户。

4. 坚持稳定

搜索引擎在刚开始时会对网站进行全面的考核，这其中最重要也是做容易忽视的就是稳定性。一个空间的稳定，保持网站 24 小时都能稳定打开，会让搜索引擎觉得这是一个可信赖的站点，也会让用户觉得这是一个好网站。

四、案例赏析

案例1：论坛网站运营技巧

论坛网站运营需要用户参与交互的，口碑营销是最好的。而想要产生这种口碑效应，就需要强有力的运营来支撑。不同的论坛,由于其环境、资源、情况的不同,其具体的运营手法也不尽相同。下面与大家分享一下论坛运营的六个要点。

1. 及时给予新人回应

一个论坛想要留住用户,最重要的是要让用户产生归属感,特别是新用户的态度尤其重要。在论坛网站运营时,在新人发第一贴的半个小时内给予回应为佳。这个具体要视论坛的规模和人气而定,但最好不要超过半个小时。因为时间长了,用户就会认为这个论坛人气不足,或太冷漠,排斥新人。

2. 积极回答网友问题

对于论坛网站积极回答网友问题也是至关重要,一定要记住"学会使用搜索引擎,不要怕回答错误!"用户问问题,最主要的是希望得到大家的回应,看到不同的观点和想法。善用搜索引擎者,在绝大部分领域都是半个专家。

3. 塑造论坛英雄人物

对于论坛的建设和运营,本条不是必需的,但绝对是很重要的。如果一个论坛里能有这么一个或是多个这样的英雄人物,那就会把用户紧紧地团结在一起,并且能吸引来更多的用户加入。最好把论坛创始人本人打造成这种英雄人物。

4. 打造特色内容版块

这条也非常重要。那特色内容如何打造呢?从用户需求入手,先弄清楚用户最需要什么,然后再围绕需求点去设计栏目。

5. 打造论坛管理团队

要让一个网友成为论坛的管理者是很难的。对于论坛版主这样的角色,大家几乎都是凭着兴趣或是热情来参与,所以最重要的是要以诚待人。作为论坛创始人一定要真诚的对待每个成员,把他们当成自己的兄弟姐妹。其次是氛围,要给大家营造一个家的氛围,让大家感觉这个团队里的成员。最后就是要找对适合的人了。不是说只要对方愿意做版主就行,应该找认同论坛、人品好、有爱心和有执行力的人担任。

6. 组织线上线下活动

丰富多彩的活动,能有效增强论坛人气,增强会员归属感,活动包括线上活动与线下活动两种。线上活动应围绕用户需求来做。可以多去些论坛逛逛,参照一下其他论坛的活动形式。重要的是参照的时候不要死搬硬套,一定要结合自己的实际情况。

案例2:网站广告运营管理技巧

网站广告运营能够帮助整个网站获得更多的广告效益。随着互联网的不断发展,广告运营慢慢融入到了网站中,不断结合发展,出现了现在的成熟阶段的网站广告运营模式。下面是广告网总结的关于网站广告的管理技巧:

1. 投放适合自己网站主题的广告

投放适合自己网站主题的广告,用户看着不会反感,更能准确抓住用户的眼球,广告的转化率高。网站投放的广告基本都是和站长相关的活动以及虚拟主机信息,不会让访客觉得突兀。

2. 不同广告形式立体组合

广告可以用多种形式表现,不拘限于BANNER,像文字广告、CPS广告、视频广告、富媒体广告等多种形式组合可以让用户享受到不同的视觉效果。文字广告优先,可以多用,事实证明与网站用户群体很对口的文字广告效果很好。

3. 多投放本网站的活动广告

网站开始上线的阶段,通常广告很少,这时可以投放本网站重点栏目、重点活动的广告,让用户对网站更熟悉,互动性更强。在能开发广告位的空当里,多宣传网站自身的一些优势,能有效提高用户活跃度和忠诚度。

五、拓展提升

(一)有效地给网站增加外部链接

外部链接又称"导入链接"或"反向链接",指的是其他网站链向你的网站的链接。外部链接的作用主要是对于搜索引擎,第一是吸引蜘蛛,第二就是为网站增加权重。下面介绍增加外部链接的一些方法的经验与技巧。

1. 友情链接

PR 值可以作为友情链接的参考值,但更重要的是注意网站的质量。

2. 博客增加链接

许多人喜欢通过建立免费博客、博客留言增加网站的外部链接。很多独立博客都在 PR4 以上,有的甚至在 PR6 以上,给这些博客留言增加外部链接效果非常的好。

3. 网站留言增加外部链接

许多人喜欢通过论坛签名、大的网站文章留言增加外部链接,有时候去关注一下,留言效果会更好。

(二)优化网站内部链接

网站内部链接对于网站优化也非常的重要,它包括网站内的导航、底部、网页内的锚文本、标签等。网站内部链接做得好,会提升用户对网站浏览的实际体验,有助于提升网站的竞争力。

1. 栏目导航顺序是关键

大部分的网站建设程序不管是 blog 类,还是大型网站类,都提供了默认的导航功能,大部分网站的导航都是按照栏目的建立顺序排列的。一个网站通常有多个级别的栏目,如新闻栏目可分为体育新闻、娱乐新闻等。

2. 检查站内链接防止死链接

死链接就是无法访问的无效链接。在网站建设的过程中,常常会因为维护或者时限原因,导致出现很多无用的网页,也就是程序内自带的一些链接。可以通过"网站死链接检测"工具查询哪些是死链接,然后合理地清理,从而提高用户的访问体验,这对于搜索引擎来说也是一种友好。

3. 错误页面友好提示

搜索引擎优化最终是以访客为根本,一些已经被收录的网页删除后往往搜索引擎中仍然存在索引,这样很容易让访客进来的时候出现无法访问的情况,提示 404 错误。404 错误是一个空白的页面,没有找到相关内容,这样不仅对用户体验极其不利,而且如果这样的页面过多,对整个网站在搜索引擎中的权重影响也很大。

4. 链接相关性增加用户体验

在网站内部链接的优化中，很符合访客习惯的做法，就是相关性链接。它是一种链接策略，比如在文章内容页另外列出与其相关的文章、某个栏目最受欢迎的文章、上一篇下一篇文章等。这些都是网站内部的相关性链接。

六、任务小结

本次任务中我们了解和掌握网站运营与管理相关的基础知识和基本技能，主要介绍了网站运营含义、网站运营步骤、网站运营模式、网站运营内容、网站运营管理策略、网站运营成功和失败要点以及网站运营中需要注意的问题等。通过实际案例进一步巩固相关网站运营和管理中常用的方法和技巧。

七、挑战自我

结合自己前期设计的网站规模和特点，分析自己的网站属于哪一种运营模式？怎样提高网站流量？目前存在哪些问题？应该怎么样去解决？制作一个分析报告，并进行分组讨论。

参考文献

[1] 陈建孝,陆锡聪,余晓春,等.网页制作案例教程[M].北京:人民邮电出版社,2012.

[2] 陈益材,何楚斌.网页DIV+CSS布局和动画美化全程实例[M].北京:清华大学出版社,2012.

[3] 韩勇,张丽君,王春红,等.网页制作三剑客[M].北京:清华大学出版社,2010.

[4] 胡汉辉.静态网页设计与制作[M].北京:机械工业出版社,2011.

[5] 黄玉春.CSS+DIV网页布局技术教程[M].北京:清华大学出版社,2012.

[6] 刘增杰,刘海松.精通DIV+CSS 3网页布局与样式[M].北京:清华大学出版社,2012.

[7] 刘增杰,臧顺娟,何楚斌.精通HTML5+CSS3+JavaScript网页设计[M].北京:清华大学出版社,2012.

[8] 史艳艳,等.网页设计与制作实战手记[M].北京:清华大学出版社,2012.

[9] 智丰工作室,邓文达,龚勇.美工神话——Dreamweaver+Photoshop+Flash网页设计与美化[M].北京:人民邮电出版社,2009.

[10] 王斐.网页配色黄金罗盘[M].北京:清华大学出版社,2009.

[11] 王君学,古淑强.网页设计与制作(项目教学)[M].北京:人民邮电出版社,2013.

[12] 王晓峰,焦燕.网页美术设计原理及实战策略[M].北京:清华大学出版社,2009.

[13] 未来之星丛书编委会.我的第一套IT成长书——网页制作[M].北京:人民邮电出版社,2012.

[14] 文沛成,古望林.边做边学——Dreamweaver CS4网页设计案例教程[M].北京:人民邮电出版社,2013.

[15] 张洪斌,季春光,刘万辉.基于工作过程的网页设计与制作教程[M].北京:机械工业出版社,2010.

[16] 郑国强,等.网页设计与配色实例解析[M].北京:清华大学出版社,2012.